U0399476

复旦新闻与传播学译库·新媒体系列

吴信训 何道宽 主编

被误读的麦克卢汉

如何矫正

McLuhan Misunderstood

Setting The Record Straight

[加拿大] 罗伯特·K. 洛根 (Robert K. Logan) 著

何道宽 译

復旦大學出版社

目录

译者前言：麦克卢汉研究的新路标

一、两个里程碑

罗伯特·洛根(Robert K. Logan)教授的《理解新媒介——延伸麦克卢汉》(复旦大学出版社,2011)和《被误读的麦克卢汉——如何矫正》(复旦大学出版社,2018)完成了麦克卢汉研究的第三次飞跃,是麦克卢汉研究的两个里程碑。

在《理解新媒介》的译者代序《麦克卢汉研究的三次热潮和三次飞跃》里,我对作者及其作品高度评价,写下这样一句话:"译完这本书,我感慨良多,非常兴奋:因为(1)洛根的'新媒介'理论极富原创性,《理解新媒介——延伸麦克卢汉》才气横溢、思想厚重、视野开阔、内容宏富,使我大开眼界;(2)本书继承并发展了麦克卢汉理论,标志着麦克卢汉研究的第三次飞跃。我相信,本书有助于我们更新对麦克卢汉研究的认识,推进新媒介研究,与时俱进,奔向未来。"

在《理解新媒介》的基础上,洛根教授又廓清迷雾,矫正误解,开疆拓土,捍卫并发展了麦克卢汉的观点,完成了《被误读的麦克卢汉——如何矫正》这一座丰碑。他说,"借此纪念麦克卢汉2011年2月21日百年冥诞。这是我献给他的生日礼物"。

二、好评如潮

甫一问世,这本书即获得世界各地学者、专家的高度评价,兹摘引几家褒扬之词例证如次:

(1)《被误读的麦克卢汉》是富有胆略、思想闪光的向导,指引读者去探索加拿大著名学者马歇尔·麦克卢汉复杂的著作。(巴西天主教大学艾德里安娜·布拉加)

(2)《被误读的麦克卢汉》揭示了一个科学家熟悉的秘密:任何闪光的洞见都源自佯谬和误解而导向新知。洛根逆转麦克卢汉的神秘风格,回放麦克卢汉的思想,解释麦克卢汉的探索……使我们理解麦克卢汉的思想,借以重塑我们崭新的人文生态。(意大利博洛尼亚大学保罗·格拉纳塔)

(3)罗伯特·洛根这本书矫正误解,精彩纷呈。他为我们提供了正确理解

麦克卢汉的语境。(丹麦哥本哈根大学摩根·奥利森)

(4) 经典作家往往有一圈不朽的光环。他们的著作常常难以理解,同时又跨越时空被人获取,对人有吸引力。麦克卢汉就是这样的经典作家……罗伯特·洛根教授驱散了20世纪七八十年代间人们对麦克卢汉技术决定论的责备,贡献良多。而且,对于数字时代麦克卢汉思想的更新,他这本新书厥功至伟……洛根教授令人信服地证明,麦克卢汉许多有关电视的论述适用于今天的媒介环境。(墨西哥大学罗利亚诺·拉隆)

(5) 多谢鲍勃·洛根,我们如今更接近充分理解麦克卢汉了,麦克卢汉当代文化的视野复杂宏阔,令人惊叹。(西班牙庞培法布拉大学卡洛斯·斯科拉里)

(6) 罗伯特·洛根使马歇尔·麦克卢汉永葆活力,无人能出其右……洛根教授在此陪伴我们厘清并读懂麦克卢汉的著作。他惊人明快的文风,学者的精准,令人莞尔的幽默,使21世纪的读者能理解麦克卢汉的思想。《被误读的麦克卢汉》生动传神、驾轻就熟地证明,麦克卢汉的许多思想在今天仍有现实意义。(布鲁塞尔自由大学约尼·伊德)

(7) 20世纪70年代,鲍勃·洛根与麦克卢汉共事,他对麦克卢汉的理解不仅来自于麦克卢汉的著作和讲演,而且来自于他和麦克卢汉意义隽永的会话——声觉领域最顶级的会话。这一特别的悟性贯穿全书,使之成为必读书。对欲求更好理解21世纪媒介的人,这是一本难得的好书。(美国福德姆大学教授保罗·莱文森)

三、旷世奇才,一代宗师

麦克卢汉(Marshall McLuhan, 1911—1980)是加拿大文学批评家、传播学家、传播学媒介环境学派的一代宗师,被誉为20世纪的“思想家”“先知”“圣人”,以“地球村”和“媒介即是讯息”等论断名震全球。

1965年11月,著名作家、记者汤姆·沃尔夫(Tom Wolfe)在《纽约先驱论坛报》上用设问的方式宣传麦克卢汉,他写道:“倘若他就像听上去那样是继牛顿、达尔文、弗洛伊德、爱因斯坦和巴甫洛夫之后的最重要的思想家——倘若他是对的呢?”

二十三年后的1988年,在《麦克卢汉如是说》的序文里,汤姆·沃尔夫对自己的上述问题做了肯定的回答:“人们以超然的目光回眸过去时,他的声望将要回归。他的洞见、格言、警语迫使人们重新诠释他们所处的世界。”(p.13,引语均为《误读》英文版页码,下同)

四十八年后的2013年,罗伯特·洛根斩钉截铁地断言:“只需列出麦克卢汉的预言和预示就可以确认，他是对的。这个清单包括：地球村、互联网；维基百科；众包；智能电话；短信即时通信和推特；数字原住民；录像带；万维网（至少图文结合的理念）；从产品到服务的转折；DIY 文化与运动；生产者和消费者鸿沟的弥合；再混合文化。除了这些预言和预示外，还有下列他率先确认的，在数字时代得以强化的趋势：生活在剧增的毗邻状态，信息超载，非集中化，知识经济，知识管理，学习组织（learning organization）。”（p.159）

麦克卢汉是真正的思想大师，一代又一代人不得不用他指出的方式去感知世界。我们发现，他的许多“预言”，比如“地球村”“意识延伸”等，已然成为事实。他的确是 20 世纪“鬼聪明”的怪杰之一。

传播学纽约学派的精神领袖和旗手尼尔·波斯曼（Neil Postman）谦称自己是麦克卢汉的孩子。在《麦克卢汉：媒介及信使》的序文里，他说：“到 1996 年，我们有一百多位学生拿到了博士学位，四百多人拿到了硕士学位。我担保，他们都知道，自己是麦克卢汉的孩子。”

在同一篇序文里，他又说：“当然我也认为自己是他的后代，不是很听话的一个孩子，可是这个孩子明白自己从何而来，也明白他的父亲要他做什么。”

描绘 1955 年首次邂逅麦克卢汉的体会时，波斯曼说：“他广博的知识，他表现出来的思想胆略，给我留下了极其深刻的印象。”他又接着说，“在我所有的著作中，我想不出哪一本不是多亏麦克卢汉的思想写出来的。”（p.160）

描绘 1977 年携新婚妻子北上“朝觐”麦克卢汉时，莱文森用梦幻之笔在《数字麦克卢汉》里留下了一段感人肺腑的文字：“这一天的经历和发人深省的谈话使我们激动不已。所以我们手拉手走了一个多小时，穿过多伦多的大街小巷，一直走回旅店。那天晚上，那些大街小巷仿佛铺满了魔力。”

20 世纪 60 年代，在第一波的麦克卢汉热中，“麦克卢汉学”随之而起。

20 世纪 90 年代，第二波的麦克卢汉热因互联网而起，“麦克卢汉学”成果丰硕。莱文森的《数字麦克卢汉》和特伦斯·戈登（Terrence Gordon）编辑的《理解媒介》增订评注本分别完成了“麦克卢汉学”的第一次飞跃和第二次飞跃。

21 世纪头 10 年，在麦克卢汉百年诞辰前后，第三波的麦克卢汉热席卷全球，“麦克卢汉学”完成了第三次飞跃。最重要的里程碑是罗伯特·洛根的专著《理解新媒介——延伸麦克卢汉》和《被误读的麦克卢汉——如何矫正》。

四、惺惺相惜，合作写书

洛根与麦克卢汉是多伦多大学同事，一理一文，他们合作写过两篇文章：

《字母表乃发明之母》("Alphabet, Mother of Invention")和《传播和世界问题的双重束缚》("The Double Bind of Communication and the Whole Problematique")(McLuhan and Logan 1977 & 1979),还写过一本书《图书馆的未来》(Robert K. Logan with Marshall McLuhan 2016)。

1974年的一天,麦克卢汉邀请洛根共进午餐。两人合作的第一篇文章《字母表乃发明之母》就是这次会话的产物。他们认为,字母表促成抽象、编码、分类、分析等基本技能,这是抽象科学和演绎逻辑之必需。他们两人意识到各自对抽象科学兴起的解释可以互相补充和强化,于是就把两人的思想结合起来,提出这样一个假设:拼音字母表、成文法、一神教、抽象科学和演绎逻辑起初是西方特有的现象,它们促进并强化了彼此的发展势头。

他们决定把这些想法写成文章发表。在交谈的整个过程中,洛根不停地记录。饭毕,他把交谈的结果记下来。经过几天切磋,两人意见一致,由洛根执笔完稿,投向波斯曼任主编的国际语义学杂志《等等》。《字母表》1977年刊出,波斯曼的评价是:那是麦克卢汉用左脑观点书写的最好的文章。

麦克卢汉与洛根合写的第二篇文章《传播与世界问题的两难困境》,载于《人的未来》(*Human Futures*, Summer 1979)。

1978年,他们两人又合作撰写《图书馆的未来》,2016年,这本书(Robert K. Logan with Marshall McLuhan, 2016. *The Future of the Library: From Electric Media to Digital Media*. New York: Peter Lang Publishing)终于在麦克卢汉去世后问世。

五、延伸麦克卢汉

麦克卢汉百年诞辰前夕,洛根把麦克卢汉研究置入新媒介语境,撰写《理解新媒介:延伸麦克卢汉》。借此,他继承和发展麦克卢汉的媒介理论,完成了诸多重要的创新,要者有:

(1) 提出"语言演化链"的概念,断言语言乃"心灵之延伸",指明"语言演化链"里的六种语言:口语、文字、数学、科学、计算技术和互联网。

(2) 在麦克卢汉三个传播时代概念的基础上将传播史划分为五个时代:(A) 非言语的模拟式传播时代;(B) 口语传播时代;(C) 书面传播时代;(D) 大众电力传播时代;(E) 互动式数字媒介或"新媒介"时代。

(3) 在沃尔特·翁(Walter Ong)口语文化两个分期的基础上提出口语文化的三阶段论:原生口语文化、次生口语文化和数字口语文化。

（4）提出新媒介的14种特征：双向传播；使信息容易获取和传播；有利于继续学习；组合与整合；社群的创建；便携性；媒介融合；互操作性；内容的聚合；多样性、选择性与长尾现象；消费者与生产者的再整合；社会的集体行为与赛博空间里的合作；再混合文化；从产品到服务的转变。这也许是对新媒介特征最全面的描绘。

六、捍卫麦克卢汉

麦克卢汉百年诞辰前后，洛根举空前之力，重新通读麦克卢汉的全部著作，完成了《被误读的麦克卢汉——如何矫正》。借此，他全盘肯定麦克卢汉的超卓思想，廓清迷雾，矫正误解，开疆拓土，竖起麦克卢汉研究的又一个路标。《被误读的麦克卢汉》是《理解新媒介——延伸麦克卢汉》的续篇，两本书合成麦克卢汉研究的第三次飞跃。

为纪念麦克卢汉百年诞辰，他做了以下工作：

（1）撰写《理解新媒介——延伸麦克卢汉》，借以更新他的《理解媒介》。

（2）和亚历克斯·库斯基斯（Alex Kuskis）合作撰写了一本书，讨论作为教育家的麦克卢汉（待出）。

（3）借麦克卢汉百年诞辰之机，重温麦克卢汉的全部著作，出席欧美各地的研讨会，发表讲演，推动麦克卢汉研究。

（4）完成《被误读的麦克卢汉》（下称《误读》），驳斥对麦克卢汉的一切不实指责，澄清对麦克卢汉的误解和误读，肯定并发扬麦克卢汉的媒介理论和方法论。

在《误读》的"作者前言"里，洛根指明麦克卢汉学问的三大特色：

（1）麦克卢汉对文学艺术的热爱；

（2）哈罗德·伊尼斯的影响；

（3）他对科学及其方法的强烈兴趣，尤其对电场、量子力学、爱因斯坦相对论和生态学感兴趣。（p.16）

又宣示《误读》的四大目标：

（1）澄清对麦克卢汉著作的误读和误解。"不尝试为他的学问或思想辩护，因为他贡献巨大，无需为他辩护……在促使我们认识这些洞见方面，无人能出其右。他的思想今天特别富有现实意义；我将证明，他对电力大众媒介冲击力的言论同样适用于今天的数字媒介，其力道不减，在有些情况下其力度甚至更大。"（p.15）

（2）确认麦克卢汉的重要概念和思想渊源。"本书是麦克卢汉语录和他人评论的混成品。我的贡献是辨识麦克卢汉著作的模式，把搜集的材料并置在一起，显示麦克卢汉的贡献，厘清误解。"（p.15）

"本书借用麦克卢汉的剑桥大学恩师 I.A.理查兹所谓的修辞来进行论述。理查兹（1936）写道："我主张，修辞应当是对误解及其补救的研究。"（p.15）

（3）为读者提供指南，普及他的思想，使之更容易通达公众和学界。（p.15）

（4）指明麦克卢汉的思想溯源，即麦氏所受影响。

七、麦克卢汉成就溯源：三大影响，五大视角，四大突破

洛根写道："在本书正文和尾声里，我们将邂逅这三大影响、五大工具和四大突破。我们将尝试证明，它们相互关联，构成解释麦克卢汉成就的一条路径。"（p.16）

洛根认为，麦克卢汉学问的特色可以归结为三大原因：

（1）麦克卢汉对文学艺术的热爱，他受新批评文学研究和社会批评的影响；

（2）哈罗德·伊尼斯对他的影响，促使他从文学研究转向媒介理论；

（3）他对科学及其方法的强烈兴趣，尤其对电场、量子力学、爱因斯坦相对论和生态学感兴趣，他大量借用科学概念和知识去探索媒介理论。

在此基础上，麦克卢汉开发出研究媒介的五大工具或视角：

（1）观察和探索而不是提出理论；

（2）聚焦于感知而不是观念；

（3）颠倒因果关系；

（4）集中观察背景而不是外形，换言之，集中考察媒介而不是其内容；

（5）运用物理学"场"的概念。

并实现相互联系的四大突破：

（1）断言"媒介即讯息"；

（2）提出"地球村"概念；

（3）区分声觉空间和视觉空间；

（4）划分三个传播时代：口语时代，文字/机械时代和电力时代。

八、各章精要

作者前言和第九章《尾声》是全书重点，提纲挈领，亮明宗旨、追求和目标，

勾勒麦克卢汉思想源头的三大影响，方法论的五大视角，成就的四大突破，已如上述。

（1）第一章解释麦克卢汉的神秘文风与横溢口才。

麦克卢汉说："我写的一切几乎都关乎探索的领域，我积极地到这些地方去寻求发现。这就是我为什么要说，'我没有观点'。"（p.23）

他又说："我并不抱什么观点，我只是从全局去研究，这里所谓全局就是明显的外观加隐蔽的背景。"（p.28）

他还说："我的书只构成探索的过程，而不是终极发现的产品。我的目的是把事实作为探索，作为洞察的手段和模式识别的手段，而不是把事实作为传统而枯燥的分类数据、范畴和容器来运用。我想为新的领域绘制地图，而不绘制旧的路标。"（p.26）

洛根的小结是：

"麦克卢汉短于细节，长于洞见。嫉妒他的人死盯着他出错的细节。受他鼓舞的人则聚焦于引领人进入新境界的洞察力。麦克卢汉承认，写作不是他喜欢的表达形式，他很偏爱口语表达渠道。"（p.24）

"他是口语人，在学界的视觉环境里工作，却生活在电力媒介的声觉空间里。"（p.27）

（2）第二章澄清对麦克卢汉基本概念的误解。

对麦克卢汉的误读盖源于他异常的探索、方法和路径。

洛根写道："麦克卢汉理解媒介的路径具有以下一些特征：他使用外形/背景分析；他把焦点或重点放在背景上，而不是外形上；把重点放在结果上，而不是原因上；把重点放在弊端上，而不是益处上。他注意的焦点是反环境，而不是环境；是媒介，而不是讯息；是使用者，而不是内容。他在这些对子上注意的重点正好和其他研究者相反。他自己坦承，他用夸张的言辞传达思想，因为他与传播研究的主流逆向而行。"（p.35）

他又写道："鉴于对多重视角的需要，观点的方法、单一视角的方法再也站不住脚了……麦克卢汉的终身学问都是在革命的样态里运行，没有具体的观点或范式……这可以解释许多麦克卢汉的批评者的恶意和尖刻。"（pp.64－65）

洛根把麦克卢汉的警语和如今的推特联系起来思考："由于他倡导警语，他为推特的创意作了铺垫，预示这样一种想法：我们只有时间应对简明扼要的表达形式。"（p.73）

（3）第三章探索麦克卢汉的科学兴趣，显示其独特的类似科学的方法论。

他不接受线性序列的因果关系，而是用因果互动的手法去进行研究，预示了

复杂理论的到来。如他所言,“我从结果着手,追溯原因”。(pp.85-86)

“麦克卢汉使用场、空间和共鸣之类的科学术语来生成暗喻,略加变通,以满足自己的需要,去描绘他观察的媒介现象……媒介改变环境,唤起我们独特的感知比率……环境不是消极的包装,而是积极的过程,只不过看不见而已。”(p.90)

麦克卢汉的研究方法是科学的,在某种意义上,他可以被视为科学家,至少可以说,他坚持了科学探索的原理。(p.102)

(4) 第四章探索麦克卢汉对因果关系的逆转,批驳所谓的“技术决定论”,显示麦克卢汉独特的媒介研究路径。

洛根用物理学家的眼光断言,麦克卢汉的研究路径类似于科学家突显论和复杂理论的路径。

麦克卢汉本人批驳所谓“技术决定论”的指控。他在《谷登堡星汉》里开宗明义地宣告:“本书离所谓的决定论十万八千里,我们希望,它将阐明社会变革的一个主要因素,社会变革使人的自主性实实在在地增强。”(p.109)

出乎常人所料,洛根指出“决定论”的两面性:“决定论本身并不坏,牛顿、法拉第、麦克斯韦和达尔文都是决定论者。凡是提出科学定律的人都是决定论者。”(p.110)

洛根肯定麦克卢汉的“探索法”,描绘其洞见是“对复杂过程的顿悟”,借以证明麦克卢汉不主张“技术决定论”,因为麦克卢汉说:“如果你抱定一个观点,你就固定不变了。”(p.111)

(5) 第五章肯定麦克卢汉严肃的治学态度,证明他是数字时代发展趋势的预言师。

洛根比较麦克卢汉和伊尼斯的相互影响,指出:麦克卢汉关心传播媒介对个人的影响,尤其对使用者感知系统的影响。相比而言,他聚焦于电力媒介的影响,伊尼斯则倾向于把重点放在文字对古文明的影响。和伊尼斯不同,麦克卢汉更关心媒介对人心理的冲击,即对感知和行为的冲击。

洛根解释麦克卢汉和批评者的不和谐关系:(A) 马歇尔·麦克卢汉并不自认为是学界的一部分,心里鄙视埋头做学问的人。(B) 他抨击“专家”是僵化的人。(C) 他肯定假设的正误兼半,对他而言,一半的正确就是很正确。他看到的不是半满的玻璃杯,而是半空的玻璃杯。(D) 他研究的大众文化和广告难以被传统的学者接受。(E) 他的跨学科研究很难被同事理解。(F) 麦克卢汉的许多宣示太超前,带有预言的性质,他似乎意识到个人电脑、互联网、万维网和其他数字媒介的来临。

麦克卢汉和批评者的不和谐关系盖源于他思想的超前，比如：

1968 年，他和 IBM 的十来位地区主管共进午餐，侃侃而谈，憧憬未来：每个家庭一台电脑，不必去杂货店。由此可见，关于计算机的遐想，他比顶级的技术人员都先进十来年。

1962 年，他就预示了互联网的到来："用作研究和通讯工具的计算机能加强检索，使大型图书馆组织过时，能恢复个人的百科全书功能，并逆转为个人使用的一条路径，处理快速裁剪得当的、可出售的数据。"（p.147）

1971 年，他就谈及众包的概念，将其称为"有组织的无知"（organized ignorance）："困扰一个专家或一打专家的问题，没有一个不是立马能解决的，只要上百万颗脑袋同时被赋予机会去解决就行。个人威望的满足必须让位于对话和群体发现的更大满足。任务的重要性不如任务团队的重要性了。"（p.149）

1964 年，《理解媒介》（*Understanding Media*）出版不久，他就在纽约市的一次讲话中说，"总有一天，人人都可能有一台便携式电脑，像助听器那么大，使我们个人的经验与外部世界这个联网的巨型'大脑'连接在一起"。（p.150）

老特鲁多（Trudeau 1988, p.119）总理写道："我和麦克卢汉的通信引向思想的探索……我认为，他的一些直觉是天才的直觉。"（pp.159－160）

（6）第六章驳斥"技术决定论"的责难，证明麦克卢汉既不爱好技术，也不仇视技术，而是社会批评家。

麦克卢汉尖锐地批判电视，比如他说，"电视吮吸大脑，把头颅吸空了"。（p.161）

在此，请容许笔者补充说明他辛辣的广告批评："广告不是供人们有意识消费的。它们是作为无意识的药丸设计的，目的是造成催眠术的魔力，尤其是对社会学家的催眠术。"（《机器新娘》第 283 页）；"广告只不过是一种意义双关的哄骗，目的是分散吹毛求疵的感官的注意力；与此同时，汽车的形象已经在进入催眠状态的观众身上施加了影响。"（p.286）

（7）第七章探索麦克卢汉如何捍卫艺术家，并证明麦克卢汉本人就是广义的艺术家。

麦克卢汉说："艺术家往往能充分意识到环境的意义，所以他们被称为人类的'触须'。"（p.169）

什么人是艺术家？《理解媒介》的一段话提供了答案："无论是科学领域还是人文领域，凡是能把握自己行为的含义，凡是能把握当代新知识含义的人，都是艺术家。艺术家是具有整体意识的人。"

根据这个定义，麦克卢汉就是艺术家，因为他无疑是"具有整体意识"的人，

他“把握自己行为的含义和当代新知识的含义”，胜过其他任何同时代人。(p.173)

(8) 第八章批驳一个莫须有的责难，证明麦克卢汉的学问没有受到他宗教信仰的影响。

麦克卢汉的信仰没有使他的学问产生偏向，这不足为奇。他常说，他探索媒介效应，不带特别的观点，不作道德评判。他认为，“道德和情感义愤，只不过是不能行动、不能理解的人在那里自作多情”。(p.176)

九、小结

《被误读的麦克卢汉》坚定捍卫麦克卢汉的思想，批驳一切不实责难，精耕细作，把作者和麦克卢汉的思想融为一炉，始终贯穿三条线，色彩明丽：麦克卢汉评传、洛根自传、对批评者误读的矫正。

何道宽
于深圳大学文化产业研究院
深圳大学传媒与文化发展研究中心
2017 年 9 月 10 日

洛根中文版序

欢迎中国读者读我的《被误读的麦克卢汉——如何矫正》。感谢我的朋友何道宽教授把此书译文奉献给你们。他还翻译了我的两本书:《字母表效应——拼音文字与西方文明》《理解新媒介——延伸麦克卢汉》。这三本书都由复旦大学出版社出版,希望你们与我分享你们的读后感。欢迎给我写邮件,我的邮箱是:logan@physics.utoronto.ca.。让我们在这个地球村里开启一场东西方对话!麦克卢汉的洞见之一是你们的文化和我们的文化正在相会。五十年前他说:"简单的事实是,世界是东西方的相会,西方世界走向东方,东方世界走向西方。"

罗伯特·洛根

2017年8月17日于多伦多

作者前言

致意麦克卢汉

我一切研究的核心要义旨在传达这样一种讯息：理解使人延伸的媒介，借此在一定程度上达成我们对媒介的控制力。

——马歇尔·麦克卢汉，1969

第一节　我们需要麦克卢汉的指引

公众使用互联网始于1994年，迄今二十年有余。起初是网景浏览器问世，接踵而至的是笔记本电脑、智能手机、平板电脑、电子阅读器、博客、维基、推特（Twitter）和社交媒介。这二十年见证了最迅猛的传播演进，迅速的变革冲击着社会的各个方面，从商务和教育，从文化到治理都深受影响。数字媒介冲击着我们生活的方方面面，它们对我们的控制多，我们对它们的驾驭少。我们需要帮助。我认为，马歇尔·麦克卢汉的思想能提供我们所需的指引。遗憾的是，他被大多数人误解了，来自他大半生生活其间的学术界的误解尤其严重。但如果他真手握我们理解新数字媒介的钥匙，如果他是对的，真就像新闻记者汤姆·沃尔夫[①]在1965年所问的那样呢？

倘若他就像听上去那样，是继牛顿、达尔文、弗洛伊德、爱因斯坦和巴甫洛夫[②]之后的最重要的思想家——倘若他是对的呢？——汤姆·沃尔夫（1965）

二十三年后，汤姆·沃尔夫（1988，p.121）对1965年自己提出的问题做了肯定的回答。远在互联网和数字媒介在我们的日常生活中出现之前，他就提出这样的问题了。“人们以超然的目光回眸过去时，他的声望将要回归。他的洞见、

① 汤姆·沃尔夫（Tom Wolfe，1931— ），美国作家、新闻记者、批评家，美国主要报刊著名撰稿人，纪实作品和小说有《紫色年代》《我们这个时代》《好棒的宇航员》《令人兴奋的迷幻实验》《彩色的语词》等。

② 伊凡·巴甫洛夫（Ivan Petrovich Pavlov，1849—1936）苏联生理学家、心理学家、医师、高级神经活动学说的创始人、高级神经活动生理学的奠基人、条件反射理论建构者，1904年荣获诺贝尔生理学奖。

格言、警语迫使人们重新诠释他们所处的世界。”马歇尔·麦克卢汉是20世纪最有影响的思想家之一，也许是他那个时代最被人误解的学者。他拥有许多粉丝。人们赞扬他在哈罗德·伊尼斯①的支持下创建了媒介环境学这个全新的领域或学科。媒介环境学考察媒介的影响，独立于媒介的内容。

除了粉丝、仰慕者以及延伸其思想的学者之外，诋毁、批评或否定麦克卢汉的也不在少数。他的巨大贡献有助于我们理解媒介、传播和技术，帮助我们理解媒介、传播和技术对人的心理、社会互动、艺术、文学、教育、工作、商务、治理和社会组织的影响。尽管如此，质疑他学术思想的也不乏其人。他们说，麦克卢汉的著作很大程度上是炒作和奇想，至多不过是诗意的文字。有人甚至说，他是江湖郎中和骗子。他们告诫许多已成为麦克卢汉研究者的研究生，不可过多引用麦克卢汉的文字，因为那会损害自己的前途，在学界找工作的机会也会受到影响。

另一方面，他有他的捍卫者，显然鄙人就是其中之一。约翰·卡尔金②(1967a)写到，麦克卢汉可以被视为“电力时代的预言师”“他这代人里最发人深省又最富有争议的作家”。麦克卢汉的英语系同事、多伦多大学校长克劳德·比塞尔(Claude Bissell)解释说，主流学界人士觉得，对他们细心和专业化的治学之道而言，麦克卢汉的思想太激进。他饱受学界和学人的批评，就像他尖锐批评学界和学人一样。稍后，我们将介绍他提出的批评。

无论赞同或批评他的思想，人们一致认为，他也许是20世纪最神秘莫测、最被人误解的学者之一。在一定程度上，这归因于他诸如此类的表述：

> 我不假装理解我这一套东西。毕竟，我写的东西很困难。
>
> 我未必完全赞同我说的一切。
>
> 你不喜欢那些想法吗？我还有其他一些呢。
>
> 你的意思是，我的“谬论”全错了？
>
> 我可能会错，但我从来不将信将疑。

本书旨在澄清对麦克卢汉著作的误读和误解，不尝试为他的学问或思想辩护，因为他贡献巨大，无需辩护。这并不是说，麦克卢汉写下的一切都绝对正确、绝对准确，因为他并非总是正确的。但和他正确的思想相比，小的瑕疵或缺点并不重要。我们无需为他辩护，因为他的巨大贡献有助于我们理解传播和技术的

---

① 哈罗德·伊尼斯(Harold Innis, 1894—1952)，多伦多大学教授，加拿大经济史家、传播学家，媒介环境学奠基人，著有《帝国与传播》《传播的偏向》《文化战略》《变化中的时间观念》等。

② 约翰·卡尔金(John Culkin, 1928—1993)，美国传播学家、耶稣会士、批评家、教育家，先后在福德姆大学、社会研究新学院执教，创建媒介研究教学系和理解媒介研究中心，1967年从州政府争取到专项经费延聘麦克卢汉任“施瓦泽讲座教授”，著有《媒体实践论》等。

影响。有些同时代的人和他有类似的洞见，但在促使我们认识这些洞见方面，无人能出其右。他的思想今天特别富有现实意义。我将证明，他对电力大众媒介冲击力的言论同样适用于今天的数字媒介，其力道不减，在有些情况下其力度甚至更大。

本书的另一个目标是使他的著作通达更多的读者，确认他一些重要概念的渊源。为此目的而动用的多半是他自己的话，以及他同事的表述。这些同事回忆与他共事的情境，描绘向他学习的心得。麦克卢汉运用纪录片的技巧，我像他一样，大量引用他人语句。在一定程度上，我这篇手稿是麦克卢汉语录和他人评论的再混合。我的贡献是辨识麦克卢汉著作的模式，把搜集的材料并置在一起，以显示麦克卢汉的贡献，厘清对他那神秘而深邃的沉思的误解。

本书借用麦克卢汉的剑桥大学恩师 I.A.理查兹①所谓的修辞来进行论述。理查兹(1936)写道："我主张，修辞应当是对误解及其补救的研究。"我希望，本书能厘清人们对麦克卢汉的许多误解，起到一些补救的作用。

本书的第三个目标是为读者提供指南，使麦克卢汉的著作更容易通达一般的公众；在有些情况下，使之更容易被学界人士获取。读麦克卢汉不容易，他自己就承认这一点。我们将破解他的一些暗喻，以帮助我们驾驭他富有挑战性的文字。如此我希望，我们能为读者破解麦克卢汉密码。

本书的第四个目标是尝试弄清楚，麦克卢汉何以能为我们理解媒介做出非凡的贡献。什么样的气质使他能作出那些闪光的发现？我将作出一个假设，并用麦克卢汉的方式去探索和研究。我的假设是，麦克卢汉学问的特色可以归结为三大原因：

(1) 他对文学艺术的热爱；

(2) 哈罗德·伊尼斯对他的影响；

(3) 他对科学及其方法的强烈兴趣，尤其对电场、量子力学、爱因斯坦相对论和生态学感兴趣。

这三大影响引领他开发出研究媒介的五大工具或视角：

(1) 观察和探索而不是提出理论；

(2) 聚焦于感知而不是观念；

(3) 颠倒因果关系；

(4) 集中观察背景而不是外形，换言之，集中考察媒介而不是其内容；

---

① 艾弗·阿姆斯壮·理查兹(A. Richards, 1893—1979)，英国文学评论家和诗人，"新批评"代表人物，代表作有《意义之意义》《实用批评》《内心的对话》《科学与诗》等。

(5) 运用场概念。

五大工具最后引领他作出相互联系的四大突破:

(1) 媒介即讯息;

(2) 地球村;

(3) 声觉空间和视觉空间;

(4) 他确认了三个传播时代:口语时代,文字/机械时代和电力时代。

在本书正文和尾声里,我们将邂逅这三大影响、五大工具和四大突破。我们将尝试证明,它们相互关联,构成解释麦克卢汉成就的一条路径。

有一点提醒读者注意,看来是顺理成章的:本书的研究不可能是对麦克卢汉贡献完全客观的评价,虽然我和他合作长达七年之久,但在他去世后这三十二年里,我对他的研究基本上是将其成就拓展到其他领域,而不是延伸到传播研究和技术冲击。这些领域包括语言学(Logan 2007)、系统生物学(Kauffman, Logan et al. 2007)、信息论(Logan 2012)甚至设计思想(Van Alstyne and Logan 2007)。与其说这本书是客观的批判之作,不如说我竭力提供一个圈内人的视角,解释为什么他的同事、友人常常误解他,同时,我也有幸目睹了麦克卢汉的作品对我们所处数字时代的巨大冲击力。在一定意义上,本书是麦克卢汉传记,某种程度上也是我和其他人的麦克卢汉研究与批评的综合,而且带有我的自传色彩,因为这本书还描绘了我应用他的思想从事其他领域研究的心得。

第二节　本研究的由来

这本书的研究动机有若干根源。其一是我写的另一本书《理解新媒介——延伸麦克卢汉》(*Understanding New Media: Extending Marshall McLuhan*, Logan 2010),于 2010 年出版。借此,我试图更新他的《理解媒介》(McLuhan 1964),这是数字媒介出现之后的必然结果。在写《理解新媒介》的过程中,我发现麦克卢汉的思想对理解今天的数字媒介环境具有现实意义。

第二个动机源自我和麦克卢汉学者及亚历克斯·库斯基斯合著的尚待完成的一本书,其宗旨是探究作为教育家的麦克卢汉。库斯基斯从事麦克卢汉研究,是研究电子学习的专家。

第三个动机与麦克卢汉百年诞辰的活动有关。2011 年一整年,我准备并参与多伦多和世界各地的纪念活动,这就是本书写作的背景。在各地的研讨会上,我和其他麦克卢汉研究专家会话交流,聆听他们宣讲论文,获益良多。我在多伦多、温尼伯、埃德蒙顿、巴塞罗那、博洛尼亚、布鲁塞尔、哥本哈根、纽约、里约热内卢和圣保罗宣讲论文。这一轮纪念活动始于2010年，终于2012年，在此期间，我几乎把麦克卢汉的著作全部重温一遍。结果我意识到，他原本已对自己的方法论作出解释，只需细读其著作就可以廓清批评家对他的误读。我还发现，拜读麦克卢汉的新传记（Coupland 2010）以及稍早的麦克卢汉传记（Marchand 1989, Gordon 1999, Marchessault 2004）时，新的洞见又浮现出来。我又发现，他对当时电力大众媒介和大型计算机的描绘用来描绘今天的数字媒介，似乎更有意义——一定意义上正是如此。我知道这句话听上去有一点疯狂，但我相信，我这句话传达了这样一层意思：他的描绘很适合我们今天的数字媒介，胜过了他对自己那个时代的媒介的描绘。他仔细观察自己的时代，从而能洞悉未来，并描绘我们今天的世界，这就是他窥视未来的技法。他意识到，今天的结果就是明天的原因。

麦克卢汉忙于生成一个接一个的新概念，太忙，忙得没有时间系统解释他的媒介研究方法论。必须承认，他不是遵守严格套路写作的人，但鉴于他贡献之丰硕，我们能很大度地原谅他这一点不足。然而，如果检视他全套的著述，花时间把他零散的文字和讲话编纂起来，一幅构图严密、一气呵成的思想画图就浮现出来，而不只是呈现出一派混浊和神秘的文风。他的言论和文字分布在一百余篇文章、二十余本书、印行的书简和专访中。在他的整个学术生涯中，他在文章、书信和访谈中星星点点地暗示他的方法论，用的是口语的方式。他一辈子都在与自己对话，本意是与朋友、同事、学生和读者分享。他不是解释者，而是探索人。他从不花时间用书面对话那种逻辑序列的方式组织思想。他总是忙于探索下一个思想边疆，太忙，总有抽丝不断的思绪，总是有满脑子的好奇心。他把探索新边疆的任务留给我们，让我们这些继承者把他发现的结果串起来，编成整合一体的文章。这就是我不揣谫陋挑起的重担。

我重温麦克卢汉的著作，起初仅仅做一些笔记，逐渐生枝发叶、开花结果。我决心扫描他的全套著作，厘清其思路，澄清对他的许多误解，展示他浩瀚的贡献。经过一番努力，我断定：如果你通览他全套的书面文本和口语文本，一幅条理清晰的图画就展现在眼前。实际上，在即兴的谈话、访谈、书简里，在稍后不太相关的文章里，他澄清了自己原本比较朦胧的言论。

本书吸收了麦克卢汉的资源，因而在一定意义上是他著作的再混合。实际上，这是用他精彩的右脑洞见和我左脑的组织混成的著作，我这样的左脑组织最适合阐述另一个思想者的思想。不过，我宣示，这里也有我的右脑加工，因为通过探索麦克卢汉的书面文本和访谈录音，我尝试创造麦克卢汉思想的新模式，我邀请读者和我一道去探索他的思想。他是我才华横溢的同事和朋友，他的长处是有远见的洞察力,短处是思想的组织不足。我有两个目标,我希望给他许多迷人的洞见和思想提供系统的组织框架,以揭示他理解媒介及其效应的新模式,还希望能够解释为何他常常被人误解。

矫正误解就像是玩非常复杂的有三四个维度的拼图游戏,拼图的关键部件总是隐藏在朦胧的地方。我扛起这一重担,因为我是他少数仅存的同事之一,我要借此纪念他 2011 年 2 月 21 日的百年冥诞。这是我献给他的生日礼物。

第三节　我迎击这一挑战的思路

我意在澄清他人对麦克卢汉的一些误解,有意解释他研究路径的某些悖论。既然如此,我将在第一章里对他的文风进行解释,而不是为其进行辩护。有人说他的风格神秘,他本人也承认其难懂。我还要解释他这句话的意思:“我未必完全赞同我说的一切。”我将说明,这一态度和他的探索概念有关系,和他自称没有观点有关系,和他坦承不从理论出发有关系。在 1967 著名的文集《冷与热》(*Hot and Cool: A Critical Symposium as Saying*)里,有人引用了他一句著名的话:“我不解释,我只探索。”

麦克卢汉的儿子埃里克·麦克卢汉(Eric McLuhan 2008)有一篇文章《麦克卢汉的传播理论:保险柜开锁匠》(“Marshall McLuhan's Theory of Communication: The Yegg”)。开篇的引子是:

> 每当遇到挑衅时,马歇尔·麦克卢汉都宣称,你瞧,我没有传播理论。我不用理论。我只是观察人们做什么,你做什么,或者说诸如此类的话。那是他对付一个问题的简要的回答,我们常常问,“什么是麦克卢汉的传播理论?”

Yegg 指的是保险柜开锁匠,麦克卢汉用这样的文字描绘自己的工作方式:

> 我的工作比较好的一个方面,有点像开保险柜的工匠的工作。我不知道里面有什么;也许什么都没有。我只是坐下来,开始工作。我摸索、谛听、试验、接受、抛弃。我尝试不同的序列,直到密码锁的制动栓落下来,保险柜的门弹开。(McLuhan 1969)

我还要说,他许多夸张的言辞是吸引读者/学生的手法,但他们准确地辨认了许多趋势,数字媒介兴起后,这些趋势才开始浮现出来。

第二章的焦点是澄清若干错误观念,澄清对麦克卢汉一些基本概念的误解。这些被误解的基本概念有外形/背景、视觉空间、听觉触觉空间/声觉空间、分割、去中心化、部落人、地球村、过时、人的延伸、冷热媒介、感知和观念等。这些概念的厘清有助于读者理解这本书，有助于他们在麦克卢汉的著作里劈波斩浪。同时，我们也尝试对麦克卢汉那些因为简短而引起晦涩解释的俏皮话进行了拆解。我将展示，如果将这些隽语放进他总体的著述语境里去解读，其意思就十分清楚，剩余的歧义是麦克卢汉故意为之的效果，而不是有些人所谓的漫不经心的表达。

第三章探索麦克卢汉的科学兴趣并显示，他的观察和探索方法类似科学方法。这并不是暗示他是科学家，而是说科学既影响他的学问，又在他的学问里起作用。我们探索他如何利用电磁理论和量子力学的场概念、爱因斯坦的相对论以及生物学的环境和生态观念。我们尤其要检视他的媒介定律路径以及媒介环境学思想的源头。

第四章探索麦克卢汉与因果关系的联系。我们将显示，麦克卢汉不是技术决定论者，意思是说，他不假设技术及其效应的简单线性关系。本章显示，他电力媒介产生场视角的概念，与技术及其冲击力的直接因果关系的简单化解释，是不一致的。毕竟他是个媒介生态学者，也许是第一人。虽然生态观包含有因果关系，但媒介生态要素（含使用者和技术）之间的关系并不是一种简单的关系，不能用技术决定论的简单线性因果关系来概括。

我们还展示，麦克卢汉理解媒介的路径类似于突显论者（emergentist）和复杂理论者的路径。他“媒介即讯息”的观念、因果同步和逆转的思想、媒介即环境的理念、场路径和媒介生态观，都是突显论和复杂理论的预兆。在许多方面，麦克卢汉的形式因观念相当于强突显（strong emergence）最显著的特点。例子包括：预测未来的无能为力，新媒介的浮现相当于相变（phase change）；媒介即讯息的观念和布莱恩·阿瑟①（Brian Arthur）递增效益的许多特征相同，和混沌理论的蝴蝶效应也有许多共同之处。我们说，麦克卢汉取自亚里士多德的形式因与强突显论的关系更密切，与亚里士多德原来的形式因反而离得较远。

第五章考察这样一个问题：麦克卢汉是否是严肃的学者，因为有人说他不严肃。我们将证明，他预示或预测到了数字时代的很多发展趋势，而且这些趋势是在他去世二十四年之后才开始冒出来的，那是网景浏览器问世、公众用上互联网以后出现的现象。他暗示的发展趋势还包括互联网、万维网、众包、智能电话、推特等数字时代的许多特征。

第六章批判错误的宣示：麦克卢汉是新电力媒介的提倡者。我们将证明，

---

① 布莱恩·亚瑟（Brian Arthur，1946— ），美国经济学家、复杂科学奠基人、技术思想家，著有《技术的本质》。

他既不是技术爱好者,也不是恨技术的勒德分子①。

第七章探索麦克卢汉如何捍卫艺术家的,我们认为,在某种意义上,麦克卢汉本人就是艺术家。

第八章讨论另一个莫须有、无根据的宣示:麦克卢汉的学问过度受到虔诚天主教信仰的影响。我们将让这样的断言安息。

“尾声”描绘形塑他研究成果的影响因子及其模式和关系,描绘他使用的工具和视角,以及他取得的突破。

罗伯特·洛根
2011 年 7 月 21 日
于加拿大多伦多大学

① 勒德分子(Luddite),19 世纪英国工业革命时期因为机器代替了人力而失业的技术工人。现引申为持有仅机械化以及仅自动化观点的人。

第一章

麦克卢汉的神秘文风与横溢口才

第一节　“我没有观点”

我们从麦克卢汉的文风起笔，许多读者觉得他的文字极具挑战性。有个学生问他：“为什么你给报纸写的信明白如话，而你的其他文字却如此艰难晦涩？”他回应说：

> 这个问题突显了说明文和探索文字的区别。凡是我懂的事情我都能简单明了地解释，直截了当。我能包装说明我懂的事情。但我写的一切几乎都关乎探索的领域，我积极地到这些地方去寻求发现。这就是我为什么要说，“我没有观点”。
>
> 凡进行探索的人，都会用上一切可用的路径，一切可用的立足点，一切可抓住的缝隙。实际的对话和发现过程与包装熟悉的观点是难以兼容的。一个只进行阐述的人是了无新意的，他不能传达参与过程中发现的结果。(McLuhan 1970a)

参加全国广播公司的《今日秀》访谈时，主持人问他，为什么有人觉得他的著作艰深难懂。他回答说：“因为我用右脑，而他们试图用左脑。就这么简单。”(McLuhan, McLuhan, Staines 2003, p.9)

1964年6月4日，麦克卢汉致信大卫·理斯曼①，说明他为何缺乏观点。他写道：

> 承蒙夸奖《理解媒介》。对我的风格，你可能会作出一个误判。其实，我没有观点。我的话看上去刻板，实际上是平板和图像的形式，这是从象征主义作品中学来的。洞见并非观点。它关注的是过程，并非产品。(Molinaro, McLuhan, C. & Toye 1987, p.301)

显然，麦克卢汉用这样的写作风格来探索新思想，探索并追踪他对新媒介（对他栖居的世界而言的新媒介）效应的观察。应当承认，把探索的结果详细诉

---

① 大卫·理斯曼(David Riesman, 1909—2002)，美国社会学家，著有《孤独的人群》《人群中的面孔》《富裕为谁？》等。

诸笔端并不是他喜欢的活动。他的著作多半是与他人合作的产物，其原因就在这里，例外独著的书有：《机器新娘》(*The Mechanical Bride*)、《谷登堡星汉》(*The Gutenberg Galaxy*)和《理解媒介》，这三本书是他最成功的书。

为他作传的菲利普·马尔尚(1989, p.153)透露，《谷登堡星汉》写作过程延宕了很长时间，直到1961年夏天：

> 他调动全部精力，拿出了英雄的气概。他把圣迈克学院图书馆的整个阅览室包下来，整个夏天坚守阵地。他的面前是一摞又一摞的索引卡，每张卡片上写着一条语录。成堆的卡片代表了他二十年的心血，是他阅读和搜寻西方文明之谜的积累。整整三个月，他摆弄这些卡片，在心里反复琢磨语录和他自己的反思，以他优美的手写体写下了很多页的草稿。

收到《谷登堡星汉》清样时，他请了几位神学院的学生帮忙校对，寻找引文出处。

《机器新娘》的编辑指出，麦克卢汉"不愿意加工手稿以使之更容易理解，他讨厌枯燥的修订工作"(ibid., p.245)。乔治·汤普森(George Thompson 1988, p.120)谈及麦克卢汉对编辑手稿的不耐心：

> 斯图尔特夫人(麦克卢汉的秘书)打出他口授的东西后，他不愿意再读一读，他甚至不让秘书重读打字稿或校对打字稿……他直接从打字机上取出打字稿，塞进信封，盖上章，径直走到邮筒去寄信。

麦克卢汉短于细节，长于洞见。嫉妒他的人死盯着他出错的细节。受他鼓舞的人则聚焦于他引领人进入新境界的洞察力。麦克卢汉承认，写作不是他喜欢的表达形式，他很偏爱口语表达方式。为他作传的马尔尚(1989, p.58)写道：

> 就他本人而言，探索任何课题的最佳办法就是谈话。他曾对一名记者说："我动笔之前必须进行无休止的对话。我想就一个题目反反复复谈话。"他谈话时总是最高兴的。对他而言，聊天比写作"更有活力、更加好玩、更富有戏剧性"。聊天是他获得洞见、得出结论的主要方式，几乎就是唯一的方式。"我大声与人交谈时，就在做许多严肃的工作。"他宣称，"我在谈话中摸索探路，而不是做什么结论。大多数人把说话作为思想的结果，我却把谈话作为思考的过程"。

乔治·汤普森记录了类似的观察：

> 马歇尔喜欢在公园里散步。这是他喜欢的消遣，边走边谈。他常说，"我与人交谈时作出最重要的发现"(Nevitt and McLuhan 1994, p.32)。

为读者的需要服务是麦克卢汉第二位的考虑。"他似乎喜欢捉弄我们，看来，他说话是精神宣泄的一种形式，主要是为自己服务的(没有听到我说什么前，我怎么知道我在想什么呢?)。"(Day 1988, pp.117-118)括号里插入的麦克卢汉那句话和 L. S.维果斯基①的假设异曲同工。维果斯基认为，我们用语言思维，语言不仅是思维的媒介，而且是思想的发生器。

在《花花公子访谈录》里，麦克卢汉作了澄清并坦承，他写作未必是为了读者:

> 我的工作是这样设计的:为了实用的目的，努力弄懂我们的技术环境及其心理影响和社会影响。但是我的书只构成探索的过程，而不是终极发现的产品。我的目的是把事实作为探索，作为洞察的手段和模式识别的手段……我想为新的领域绘制地图，而不绘制旧的路标。(McLuhan 1969)

他写作的另一个目的是教育读者，震撼其感知，正如他的儿子埃里克·麦克卢汉所言:

> 《理解媒介》的风格是刻意为之的，有粗糙的棱角，不连贯，那是在反复打磨中锻造的风格。那是要刻意刺激读者，震撼其感知，使其获得一种知觉形式，借以对题材起到较好的补充作用。这是高超的诗意手法(如果你愿意的话，还可以说是科学手法)——以直接讽刺读者的手法，培训读者的手段。(McLuhan, M. and E. McLuhan 1988, p.viii)

他选择把自己脑子的运转机制记录在案，这成了我们的无价之宝。这可以说明，为何仔细阅读使人受益匪浅，因为我们不知不觉间潜入他的脑海，与他一道探索令他困惑的问题。因为他与我们分享这个过程，我们就能应用他的思想来理解我们时代的新媒介，即数字媒介，我们就能从他对电力大众媒介的观察中获得启示，去洞悉数字媒介机制和效应。这就使我们破解他文本密码的努力获得丰厚的回报。每次阅读或重读麦克卢汉时，你都必然获得新的洞见。费雷泽·迈金尼施(Fraser McInish)在麦克卢汉遗产网的组织工作会议上说:"读麦克卢汉就像读《易经》。"每次阅读或重读他都启发新的思想。大卫·奥尔森(David Olson 1981, p.137)也得出类似的结论:

> 毫无疑问，麦克卢汉写作的方式使读者能为自己的目的去解读，去建构自己的意义，去享受这样的乐趣。他的著作对艺术作出了真正的贡献，对科学也作出了实实在在的贡献。汉斯·赖辛巴赫②分析科学思想的结构时，将科学发现和科学辩护区别开，辩护即证明思想。麦克卢汉的贡献多半属于第一类。

---

① L. S.维果斯基(L. S. Vygotsky, 1896—1934)，苏联著名心理学家。
② 汉斯·赖辛巴赫(Hans Reichenbach, 1891—1953)，德国经验哲学家，柏林学派的中心人物。

麦克卢汉用口语词的表达力为什么胜过他用书面语的表达力，我相信还有一个原因。如果你聆听他接受访谈的音像（多亏 YouTube 上有保存）——我鼎力推荐，你就会发现，麦克卢汉说话时思路清晰，直截了当。其儿子埃里克·麦克卢汉编辑的《媒介与光》（*The Medium and the Light*, McLuhan 1999, pp.33-44），似乎是“非正式记录稿，仅有少许的编辑”，这是他在圣迈克学院第十二届神学年会（1959 年 8 月 29 日至 31 日）的讲话。这篇讲演和那篇著名的《〈花花公子〉访谈录》（McLuhan 1969）是麦克卢汉思想最清楚的文字稿，两篇文章都是口头表达的。阅读他在神学会的讲演后，我在书上做了这样的旁注：

> 这是我接触到的麦克卢汉思想最清楚的阐述，因为这是他口头宣讲的记录稿。麦克卢汉写作时，卡壳僵硬，失去了自然交流的能力。他是口语人，在学界的视觉环境里工作，却生活在电力媒介的的声觉空间里。他从母亲那里得到口才训练，他的母亲是专业的朗诵人和讲演人，这使他敏于口语文化。他跳过视觉空间，从朗诵的口语文化跳进电力媒介的口语文化，喜欢口头表达他的思想。至于阅读以获取文本，他在一定程度上是视觉人，然而，我相信——纯粹猜想，他阅读的方式颇像印刷机之前的人读手稿一样，他读出声，听自己的朗朗读书声。一个人输出信息的方式颇像他输入信息的方式，反之，一个人输入的方式亦如其输出的方式。

霍华德·戈萨吉①为麦克卢汉神秘的文风提供了另一种解释。史蒂夫·哈里森②（Steve Harrison 2012）在书里记录了戈萨吉与其妻子的对话。

> 戈萨吉的妻子说，1965 年 2 月一天晚上，戈萨吉躺在床上，突然，他思绪孤立的状态猛然结束。“我记得，我正在读一本好看的小说，霍华德正在读麦克卢汉的《理解媒介》。他突然说，我明白了，我懂了！”我问，“什么？”他说，“麦克卢汉假设，读者已知背景，所以他用速记的形式写书。他的书需要读者去填补信息。我就来填补信息吧。”我记得他接着就接通加拿大麦克卢汉的电话说，“麦克卢汉，你要出名吗？”

后来的结局是，戈萨吉的确为麦克卢汉成名助了一臂之力，对麦克卢汉这固然是好事，但使他的学界同事对他多了几分猜疑，诚为憾事。

---

① 霍华德·戈萨吉（Howard Luck Gossage, 1917—1969），广告公司掌门人，天才，前卫，想象丰富，永远改变了广告业，被誉为“旧金山的苏格拉底”，对世界各国的广告业产生了影响。

② 史蒂夫·哈里森（Steve Harrison），美国广告人、创意大师，著有《创意的秘密》《引爆创意》等。

第二节　外形/背景

对于人们为何觉得他的著作难懂,麦克卢汉有他自己的解释。

> 我的著作使许多人困惑,纯粹是因为我从背景着手,而他们从外形开始。我先看结果,然后才回头去看原因。与此相反,常规的模式却是首先相当武断地挑选一些“原因”,然后就用“原因”去和结果对号。正是这种随意的匹配过程导致了分割肢解的肤浅。至于我个人,我并不抱什么观点,我只是从全局去研究,这里所谓全局就是明显的外观加隐蔽的背景。
>
> 我们时代隐藏的背景就是以光速运行的信息。一旦弄清这个道理,就容易明白为什么学制在发生如此急剧的变化。(Molinaro, McLuhan, C. & Toye 1987, p.478)

在以上两段文字里,麦克卢汉用上了他外形/背景的概念。这是他著作里一个关键的概念。他认为,若要理解外形,你就必须要考虑背景,外形在背景里运行,处在背景中。如果你不考虑外形赖以运行的背景或环境,你就不能确定任何“外形”真正的意义,无论这外形是一个人、一种社会运动、一种技术、一种情景、一次传播事件、一个文或一套思想。背景提供语境,外形充分的意义或在语境中浮现出来。他关心外形/背景关系,又强调界面和模式,而不是固定的观点,这两者是一致的。他的外形/背景路径是系统思维的例子。这可以用来解释,为什么他认为内容不能独立于它赖以传输的媒介。媒介形成内容的背景,通过传输内容改变讯息。这就是麦克卢汉说“媒介即讯息”的另一个原因。独立于内容的媒介讯息是背景,媒介为它传输的内容生成一个背景。由此可见,媒介实际上含有两种讯息,一是外形或它的内容,二是背景,是媒介为内容生成的背景。

麦克卢汉想要说明,语境或背景能转换外形的意义,他喜欢用的一个例子是烟囱冒烟的形象,在苏联的意象里,它曾经是工业进步的象征,如今成了污染的象征。另一个例子是皮肤晒黑的意义,它曾经是田间辛苦劳作的象征,如今成了富裕和度假的象征,将来还可能演变成为冒皮肤癌风险的象征。

1973 年 3 月 26 日,麦克卢汉的两封信述及外形/背景的关系。一封致默顿(Morton)和卡罗琳·布龙菲尔德(Caroline Bloomfield)夫妇的信中写道:

> 我开始意识到,我看待万物的独特路径是从背景进入而不是从外形进入。在任何格式塔中,背景被视为理所当然,外形吸引了全部的注意力。背景是阈下的,是一个结果的领域,而不是原因的领域。

同一天在致汤姆·斯特普的信中,麦克卢汉(Tom Stepp McLuhan)解释说,外形/背景分析如何帮助他认清他人视而不见的事物,还能说明他那神秘的能力——通过对当前的研究,他就能"预测"未来:

外形是显露的,背景是阈下的。背景的变化在先,外形的变化在后。我们可以把外形和背景都映射成未来的意象,可以把背景用作阈下模式、压力和结果的子函数;阈下模式、压力和结果走在先,最终的外形走在后,通常指引我们兴趣的是外形。(http://imfpu.blogspot.com/2008/12/magritte.html,原件藏渥太华加拿大国家档案馆麦克卢汉档案)

麦克卢汉接着说,这对他来说是轻而易举的,因为"他的一切研究几乎都用在背景上"。对他而言,背景也是外形运行的环境,不过这个环境不是容器。他说(1969, p.30),"环境是过程,不是容器,环境总是看不见的。唯有内容(亦可读作外形)即先前的环境是看得见的。"这段话蕴含了麦克卢汉的一个观念:一种新媒介的内容是某种旧媒介,那个旧媒介是"先前的环境",它是显而易见的。过去研究媒介的人聚焦于外形,而麦克卢汉研究的焦点总是背景或环境。我相信,这就是麦克卢汉秘藏的优势。这正是理解他许多二分术语的路径,他提出了许多二分术语。

第三节　因果关系的逆转

我们来说研究结果的途径,如果你想研究汽车是什么,那你就研究它对环境和社会造成的影响,这样做就会有更多的发现。(McLuhan, McLuhan, Staines 2003, p.90)

麦克卢汉说,媒介研究的最佳途径是"列出媒介效应清单"(出处同上)。因此我建议,继续麦克卢汉研究的最佳途径是拉出一个清单,罗列自他1980年去世以来出现的所有技术。那是个人电脑时代的元年,我们常将其称为数字时代。以技术而言,大型计算机利用数字技术,但由于它们只能被小范围的专家获取,而且多半被用作大众媒介形式,所以我把个人电脑的出现视为标记,是大众媒介电力时代与今天数字时代的断裂边界。当然,公众使用互联网以后,数字时代才真正起飞。

麦克卢汉所谓的因果关系逆转与他外形/背景的使用关系密切。研究因果关系的逆转时,他从结果着手,反过来追溯产生结果的原因。上一节"外形/背景"破题的引语里,他指出,他从背景着手,而其他人从外形着手;他从结果着手,反过来追溯原因。显然,他把结果与背景联系起来,又把原因与外形联系起来。因此,他所谓的因果关系的逆转与他所用的外形/背景方法论显然是联系在一起的。他还受艺术家、发明家和科学家的影响。科学家的方法是观察结果,并通过实验和推理来判定观察所得结果的原因。麦克卢汉(1964, p.68)看到发明家和艺术家的创造过程,他们从自己想要创造的结果着手,反过来追溯导致预期效果的原因。

创造力的报应……

> 怀特海①阐明,19世纪的伟大发现,是如何发现了发现的技巧。换言之,发现的技巧就是从尚待发现的事物入手,由此一步一步地回溯,像在装配线上一样,直至达到原来的起点。要达到预想的目标,就必须从这个起点出发。在艺术领域,发现的技巧意味着从效果(effect)着手,继之以创作一首诗、一幅画、一幢建筑。这些作品要恰如其分地达到这种预期的效果,而不是其他的效果。(McLuhan 1964)

麦克卢汉(1962, p.328)还深受爱伦·坡②的影响和象征主义诗人的影响,形成了这样一个观点:艺术家逆向工作,从他想要创造的结果着手。《谷登堡星汉》最后一节的一段文字揭示了这样的原理:

> 爱伦·坡在许多诗歌和故事里用了这样的方法,最明显的是他在小说里创造了侦探杜宾(Dupin)的形象。杜宾是艺术家-美学家,他破案用的是艺术感知的方法。侦探故事不仅是从结果到原因的逆向追溯的很流行的例子,它还是读者深度介入成为共创作家的例子。这也是象征主义诗歌的创作原理,其效果的完成一步步展开,需要读者参与诗歌创作的过程。

逆向追溯的概念是破解麦克卢汉密码的钥匙。他从结果逆向追溯原因,从媒介的背景或环境追溯媒介内容的外形。他用这个技巧去了解未来。他写道:"我们透过后视镜看现在。我们向后走步入未来。"他不用推测去聚焦于未来的外形,而是仔细研究未来的背景,这个背景就是过去和现在。他说,"我一直小心翼翼,从不预测任何不曾发生的东西"(McLuhan, McLuhan, Staines 2003, p.172)。

他还指望艺术家提供窥视未来的指引。他喜欢温德汉姆·刘易斯③的话,"艺

---

① 阿尔弗雷德·怀特海(Alfred North Whitehead, 1861—1947),英国数学家、教育家和哲学家。与罗素合著的《数学原理》被称为永恒的伟大学术著作,创立了20世纪最庞大的形而上学体系。

② 爱伦·坡(Edgar Allen Poe, 1809—1849),美国小说家、诗人和记者、侦探小说鼻祖,著有《乌鸦》《莉盖亚》《莫格街凶杀案》等。

③ 温德汉姆·刘易斯(Wyndham Lewis, 1882—1957),英国小说家、艺术家,旋风派主帅,20世纪上半叶最重要的前卫文学家和艺术家之一,第二次世界大战期间旅居北美,与麦克卢汉过从甚密。

术家详细描绘未来,这是因为唯有艺术家知道现在未被开发的潜能(McLuhan, McLuhan, Staines 2003, p.14)”。我要说,刘易斯这样的情感大大促成了麦克卢汉这样的思想:以观察现在为基础来预测未来。

第四节 利/弊

麦克卢汉经常谈技术的利弊,以下两封信的节录可以为证:

> 我说的只不过是:任何产品或革新都产生有利的环境和有弊的环境,环境重塑人的态度。这些利弊环境总是看不见的,直到新环境取代它们。(To Jonathan Miller on April 22, 1970-Molinaro, McLuhan, C. & Toye 1987, p.404)

> 我没有任何理论。我只观察,发现轮廓、力线和压力。我讥讽一切时代,我用的夸大字眼和我所指的事件相比,那真是小巫见大巫。如果你研究象征派,你就会发现,我借用的技巧就是:故意剥夺外形的背景。还有一点你似乎没有把握:讯息虽与媒介相关联,但讯息不是媒介的内容,而是媒介的整体效应,媒介这个环境既有利又有弊。(To William Kuhns, Dec. 6, 1971-ibid., p.448)

麦克卢汉(1999, p. 114)对技术弊端的关切跟他关于技术强制性(technological imperative)的思想有关系。“对创新的通常的进化态度和发展态度假定,存在着一种技术强制性:‘如果能做,那就必须做’;为了达成新的目的,任何新的手段都必须要采用,无论其后果如何”。换言之,技术产生弊端。

你可以把麦克卢汉对媒介利弊的识别视为他使用外形/背景的又一个例子。利是外形,是媒介意图,无意之间产生的弊端是媒介生成的背景或环境的一部分。在此我们又看到,麦克卢汉从背景着手,注意到弊端,他和其他传播学者不一样,他们几乎全神贯注于媒介之利,忽视其弊端。上文致昆斯的信有一点颇为有趣:麦克卢汉强调,他不从理论出发,同时又明白承认,他用讥讽的手法。

第五节 环境/反环境

> 新环境总是看不见的。新环境造成的损害总是被推诿到此前的环境身上……环境的希腊词是“perivallo”,其意思是同时从四面八方进行打击。(McLuhan 1968)

麦克卢汉使用外形/背景的另一个例子是环境和反环境的观念。在这里环境是新技术的背景,环境成了一种反环境的外形。反环境成了环境外形运行的背景。以下的两段文字揭示了这个道理。

> 任何新技术,人被赋予物理体现的官能的任何延伸或截除,往往会产生一种新环境……新旧环境的互动会产生无数的问题和混乱……将一切艺术和科学视为反环境的观点很有用,反环境使我们能感知环境。(McLuhan 1967a)

> 技术往往是无意识的,在其源头和效应里都是无意识的。新技术作为一种反环境短时间占主导地位,随后也成为环境。我们对反环境的需求似乎深深地陷入背景中,就像梦境和睡眠陷得很深一样。(Molinaro, McLuhan, C. & Toye 1987, p.315)

换言之,艺术家和科学家通过创造反环境,使我们感知到新环境,新环境是新媒介或新技术创造的。倘若没有这个反环境,我们只能看到新媒介的内容,却看不见支持新媒介的环境,也看不见新媒介创造的东西。麦克卢汉(1970b, p.192)在《文化是我们的产业》(*Culture Is Our Business*)里写道:

> 在任何情况中,10%的事件引起了90%的事件,我们忽视了那个10%,却被那90%震惊。如果没有反环境,一切环境都是看不见的。艺术家的角色是创造一种反环境,使之成为感知和适应的手段。哈姆雷特对付隐形环境的侦探技巧是艺术家的技巧:"从此,也许我认为遇到这样的事情,我就装出滑稽的样子"……(第一幕第五场第171—172页)

麦克卢汉喜欢描绘我们对环境茫然无知的一个例子是,鱼儿浑然不知它们生活其间的水。"鱼儿浑然不觉的正是水,因为它们没有反环境,不能凭借反环境感知到它们生活其间的自然要素。"(McLuhan, Fiore and Agel 1968, p.175)

也许,我们需要辨识我们今天栖居的数字环境的反环境。这个反环境是数字艺术家吗?或者,它就是马歇尔·麦克卢汉的著作吗?

第六节　麦克卢汉的外形/背景手法与因果逆转的其他用法

上文已描绘麦克卢汉使用外形背景/概念的情况。借此,他开发了其他一些工具来理解媒介,包括因果关系的逆转、一切媒介的利弊、环境与反环境。我们解析他一些著名的隽语时,将会邂逅他更多的外形/背景思想。以"媒介即讯息"为例,讯息是外形,媒介是背景。同样,在"使用者即内容"里,内容是外形,使用者是背景。他还说,生产者和使用者的关系会逆转,生产者是外形,使用者是背景。

接触麦克卢汉的“媒介定律”时，我们再次邂逅他的外形/背景思想。不过，由于情况相当复杂，我们将推迟到第三章考察媒介定律时才解释外形和背景的关系。检视麦克卢汉的“场”概念时，我们同样会邂逅他的外形/背景思想，我同样会在第三章里予以介绍。

我将以一些探索来结束外形/背景的讨论，换言之，我将做一些猜想。正如麦克卢汉所言，他理解媒介的路径具有以下一些特征：他使用外形/背景分析；把焦点或重点放在背景上，而不是外形上；把重点放在结果上，而不是原因上；把重点放在弊端上，而不是益处上。他注意的焦点是反环境，而不是环境；是媒介，而不是讯息；是使用者，而不是内容。他在这些对子上注意的重点正好和其他研究者相反。他自己承认，他用夸张的言辞传达思想，因为他与传播研究的主流逆向而行。

第二个探索是，我相信，麦克卢汉提出的外形/背景路径，只有高度书面化的人才想得出来。麦克卢汉用以分析媒介（含电力媒介）的外形/背景概念是在书面文化视角里浮现出的，只有在这样的视角里，外形和背景才能被区分开来。在口头传播的声觉空间里和在电力形构的传播里，外形和背景是不存在的，只有场的存在。麦克卢汉是在书面文化的传统里运行的，正好和有些人的断言相反：他们说麦克卢汉是电力传播的俘虏。在我看来，麦克卢汉实际上试图维护书面文化传统，努力把我们从电视文化潜在的危害入侵里解救出来。所幸的是，由于个人电脑、智能手机和互联网的无所不在，使书面文本过时的电视效应被中性化了，因为相较于收音机、唱片机、电视和电话之类的大众电力媒介，书面文本占据数字媒介内容的比例要高得多，麦克卢汉在世的年代里，大众电力媒介占主导地位。他指认了许多电力传播模式，比如非中心化、跨学科性、生产者和消费者沟壑的缩小、就业岗位转换为工作角色、知识成为经济驱动力。在数字媒介里，这些模式仍然存在，而且变得更加明显了。我们将在第五章里展开讨论。

外形/背景视角的特征之一是，外形/背景能被视为埃舍尔①创作的某些转换的形象。在一个“场”里，每一个元素都可以被视为一个外形，其余的元素则被视为此外形的背景。在第三章和第四章里，我们再细说麦克卢汉在电力媒介里的“场”的观念。

① 埃舍尔（M. C. Escher, 1898—1972），荷兰科学思维版画大师，作品多以平面镶嵌、不可能的结构、悖论、循环等为特点，多半是数学概念的形象表达，兼具艺术性与科学性，作品有《昼与夜》《画手》《重力》《相对性》《画廊》《观景楼》《上升与下降》《瀑布》等。

第七节　也许书面词并非麦克卢汉最有效的媒介

为他作传的菲利普·马尔尚(1989, p.275)写到,麦克卢汉“不像其他作家,那些作家把自己最好的精华写进书里。他绝对不可能把自己旺盛的生命力和驰骋不羁的思想全部转换成印刷品”。在我们聊天与合作的过程中,在参加研讨会的时候,我有幸领会他的思想活力。我现在发现,在阅读或重读他的文字时,我可以再次潜入他那不可思议的思想活力。我不声称读他的每一句话都产生这样的感觉,但只需阅读一两页,我就可以和他的一种表达或思想不期而遇,这些东西揭示了他非常著名的思想活力。已如上述,我们有幸读到他的著作,它们不完美,却激励我们,使我们能洞悉今天数字媒介的世界,1980 年那次可怕的中风使他再也不能说话。

马尔尚说得对,麦克卢汉最出色、最有条理的思想是说出来的,而不是用印刷品写出来的。我衷心推荐读者去领会马歇尔·麦克卢汉真正精彩的思想,他的许多谈话视频都可以在网络上找到,一个容易检索的好网站就是 YouTube。另一个建议是阅读他的文学经纪人梅蒂·莫利纳罗、妻子科琳·麦克卢汉和威廉·托伊编辑的《麦克卢汉书简》(Molinaro, McLuhan, C. & Toye 1987)。他的书信更流畅、平易近人,胜过他的著作和学术论文。

上文引述的麦克卢汉致理斯曼的信,提及象征主义诗人对他写作风格的影响。我们还知道,他是詹姆斯·乔伊斯的粉丝,喜欢双关语和文字游戏。这使我相信,他夸张的风格也许是有意模仿象征主义者,或者是想吸收其手法,作为捕捉传播过程中的精髓的工具。和马拉梅①、魏尔伦②、艾略特③、庞德④一样,麦克卢汉用委婉的暗示法,比如暗喻、象征和文字游戏,旨在捕捉现实的绝对真相。首创“象征主义者”一词的批评家莫雷阿斯(Jean Moréas)宣告,象征主义者不用“平实的意义、宣示、矫情和白描”,而是用召唤意象的方式达成艺术性目标。难

---

① 斯特芳·马拉美(Stephane Mallarme, 1842—1898),法国象征派诗人、理论家,法国文学史上最有影响的人物之一。早期诗作受波德莱尔的影响,在作品内容和形式上均有创新。

② 保尔·魏尔伦(Paul Verlaine 1844—1896),是法国象征派诗歌的“诗人之王”,与马拉美、兰波并称象征派诗人的“三驾马车”代表作有《忧郁诗篇》《明智》《平行》《悲歌》《死亡》等。

③ T. S.艾略特(Thomas Stearns Eliot, 1888—1965),英国诗人、诺贝尔奖得主,代表作有《荒原》《四首四重奏》《普鲁弗洛克及其他》《荒原》等。

④ 庞德(Ezra Pound, 1885—1972),美国诗人、翻译家、学者,现代派主帅,对许多大名鼎鼎的作家产生了重大的影响。

道这不像麦克卢汉的手法吗？我在亚马逊看到一位笔名“rareoopsdvds”的读者对《理解媒介》的评语，看来他就是这样想的，他似乎喜欢麦克卢汉的手法和风格。

> 理解麦克卢汉的路径几乎要颠覆整个感知环境。《理解媒介》问世于1964年，他对此后几代人的吸引力见于他的警句“媒介即讯息”。这句话使许多人抓耳挠腮。他的大多数著作都像这样，问题不在于如何解释它，而在于唤起读者自己的思考。所以，结论必然是读者的选择，靠直觉、研究、设想或第一手经验做出的选择。有一点是确定无疑的：如果你花时间读两次，第二次和第一次的感觉就不一样。

象征主义者的另一个方面似乎对麦克卢汉也产生影响，他们对调动感官，尤其是对通感感兴趣。这大概可以解释他为何对所谓人的感知系统感兴趣，尤其可以解释他这样一个观念：每一种媒介都可以和一种或多种感官相联系。

> 通感是麦克卢汉探索媒介、文化和人的感知系统的核心概念……他的通感观念是感官按一定比例的同步互动，每一种媒介都会引起一定比例的感官互动。麦克卢汉的通感论不见于超媒介理论，超媒介理论把所有感官现象归到视觉词汇中，忽略了口语文化和书面文化的相互作用。艺术、文化、语言和认知研究都支持麦克卢汉的通感观念，这是人脑的常态机制，人脑的一种功能在技术里得到外化后，人脑就达到了一个新的平衡。(Morrison 2000)

麦克卢汉认为，口语传统是听觉-触觉的，书面词基本上是视觉的，字母表加重文字的视觉特征，催生了古希腊时期的欧几里得几何学。印刷机使字母表文字更富于视觉性、一致性，使其他感官过时。他(1962, p.26)写道：“剥离感官，阻断感官在触觉通感里的互动，这可能是谷登堡技术的后果之一。”

麦克卢汉(1964, p.233)认为，电力媒介到来后，谷登堡印刷机的全部效应逆转，我们回归强调感知系统里的听觉-触觉重点，他认为，感知系统涉及所有感官的互动。他的意思是，用电力媒介时，你体会到通感。“电能提供了一下子接触生物体每一个面的手段，就像同步接触大脑的各个方面一样。顺便说明，电能仅仅偶尔是视觉的和听觉的，它本质上是触角的(ibid., p.219)……”电视的形象每时每刻要求我们“关闭”网格中的空间，它们需要的是痉挛性的感官参与，极度的动感和触觉参与，因为触觉是感官的互动，而不是肌肤和物体孤立的接触(ibid., p.273)。”

第八节　麦克卢汉的文风预示再混合文化

麦克卢汉的文风有别于大多数学者的文风，那是因为他合成了其他学者的思想和风格。此刻我正在尝试的也是这样的写作。他预示了今天的再混合文化。他的书糅合了其他作者的言论、他对其他作者思想的解读以及他自己首创的思想。他的贡献在于，他会集许多引语，创造一块全新的思想编织物，撼动世界，使人以全新的方式思考传播、媒介和技术。许多作者不用引语，而是意译他人话语，将其变成自己的话语。相反，麦克卢汉总是引用他人并注明出处，或出于诚实，或出于偷懒，因为他懒得费功夫去搞"意译"。他的工作方式颇像摄制电影纪录片，搜集素材，装配组合，以某种方式表达自己的观点。他合成伊尼斯、吉迪恩①、芒福德②、塞尔耶③的著作，糅合多伦多大学每周一次的聚会的同仁圈子的思想，撷取他和卡彭特④合编的丛刊《探索》里的精要。为《探索》撰稿的人包括：杰奎林·提尔惠特⑤、伊斯特布鲁克⑥、玛格丽特·米德⑦、卡尔·威廉斯⑧

① 西格弗里德·吉迪恩(Sigfried Giedion, 1883—1968)，瑞士建筑史学家，在美国几所著名大学执教，著有《空间、时间和建筑》《机械化挂帅》《艺术的滥觞》《永恒的现在》等，对麦克卢汉产生了重大影响。

② 刘易斯·芒福德(Lewis Mumford, 1895—1990)，美国社会哲学家、大学教授、建筑师、城市规划师、评论家，主要靠自学成为百科全书式的奇才，著作数十部，代表作有：《技艺与文明》《城市文化》《历史名城》《乌托邦的故事》《黄金时刻》《褐色的几十年：美国艺术研究》《人必须行动》《人类的境遇》《城市的发展》《生存的价值》《生命的操守》《艺术与技术》《以心智健全的名义》《公路与城市》《机器的神话之一：技术与人类发展》《机器的神话之二：权力的五边形》《都市的前景》《解译和预言》等，获美国自由勋章、美国文学奖章、美国艺术奖章、英帝国勋章。

③ 汉斯·塞尔耶(Hans Selye, 1907—1982)，加拿大心理学家，"应激理论之父"，著有《应激》《健康和疾病状态下的应激》《生活之压力》《无痛苦应激》等。

④ 埃德蒙·泰德·卡彭特(Edmund Ted Carpenter, 1922—)，加拿大人类学家，麦克卢汉思想圈子的核心成员，传播学媒介环境学派第一代代表人物，20世纪50年代与麦克卢汉共同主持跨学科研究小组，主办《探索》杂志。

⑤ 杰奎林·提尔惠特(Jacqueline Tyrwhitt,?)，哈佛大学市政设计教授，与吉迪恩合著《建筑的滥觞》。

⑥ 汤姆·伊斯特布鲁克(Tom Easterbrook,?)，多伦多大学政治经济学教授，麦克卢汉的终身挚友，1967年任坦桑尼亚尼雷尔总统政府经济事务及发展规划部顾问。

⑦ 玛格丽特·米德(Margeret Mead, 1901—1978)，美国著名人类学家，心理人类学的创始人之一，20世纪30年代以《萨摩亚人的成年》而一举成名，代表作有《人类学，人类的科学》《人类发展的连续性》《新几内亚人的成长》《男性与女性》等。

⑧ 卡尔·威廉斯(Carle Williams,?)，多伦多大学心理学教授。

和哈弗洛克①。用麦克卢汉本人的话说,他是"知识的游牧采集人"。

第九节 麦克卢汉与暗喻

象征主义者的影响有助于麦克卢汉的研究和探索,而不是有助于他交流的能力,查尔斯·韦因加特纳②(1988, p.120)写道:

他用极端压缩的暗喻说话。除非听众谙熟他压缩暗喻里离散的要素,否则他们将面临迷惑而不是交流,其结果……麦克卢汉许多"探索"迎接的敌视只不过说明一个事实,我们大多数人把有别于我们所知道的一切视为"怪诞"或"疯狂"——为此我们希望借象征的手法把这东西贬低为无意义,进而抛弃它,而不是认真对待它。

麦克卢汉不仅用暗喻写作和说话,而且使用暗喻思维。他常用多种角度看现象,因而用暗喻把意义从一个领域带入另一个领域。"一切语言或表达都是暗喻,因为暗喻是透过另一种情境来看一种情境。"(McLuhan 1953b, p.127)他把语言暗喻性的观念引申到人的一切创造形式,含言语的和非言语的形式,在以下引语里,他就用上了说话(utterings)与外化(outerings)的双关语:"一切人造物都是人的说话或外化,如此,它们都是语言实体和修辞实体。"(McLuhan 1988, p.128)

在《理解媒介》(1964, p.64)的这段文字描绘了暗喻在他研究里所扮演的角色:

这一策略完全包含在公众熟悉的对罗伯特·勃朗宁③的评价中,"人伸手可得的东西一定会超过他把握或比喻的东西"。一切媒介在把经验转化为新形式的能力中,都是积极的隐喻。言语是人最早的技术,借此,人可以用欲擒先纵的办法来把握环境。语词是一种信息检索系统,它们可以用高速度覆盖整个环境和经验。语词是复杂的比喻系统和符号系统,它们把经验转化成言语说明的、外化的感觉。它们是一种明白显然的技术。借助语

① 埃里克·哈弗洛克(Eric Havelock, 1903—1988),多伦多学派主要代表之一,对麦克卢汉产生影响,后转哈佛大学任教,著有《柏拉图导论》《缪斯学会写字:从远古到当代的口头文化和书面文化》《汉字与希腊字母表》等。

② 查尔斯·韦因加特纳(Charles Weingartner,?),纽约大学传播学教授,尼尔·波斯曼的同事,与波斯曼合作的著作近十种。

③ 罗伯特·勃朗宁(Robert Browning, 1812—1889),英国维多利亚时期代表诗人之一,著有《戏剧抒情诗》《剧中人物》《指环与书》等。

词把直接的感觉经验转换成有声的语言符号，我们可以在任何时刻召唤和找回整个的世界。

麦克卢汉挖掘科学领域蕴藏的暗喻以描绘媒介，我们将在第三章《麦克卢汉与科学》里发现这些。不过，为了让读者初步领会他这种借现代科学创造暗喻的能力，请看看他是如何利用下面这种方式描绘印刷文化和电力信息文化的相互作用的：

两种文化或技术宛若两个星座，擦肩而过却不碰撞，但不会不引起形貌上的改变。同理，现代物理学有"界面"的概念，即两种结构相会并变形的概念。(McLuhan 1962, p.182)

第十节 我与麦克卢汉合作写书

我与麦克卢汉合作写过两篇文章(McLuhan and Logan 1977 & 1979)，和一本未刊的书稿《图书馆的未来》①，书稿藏于渥太华加拿大国家档案馆。我可以提供些情况，看看他与我合作时表现出来的洞见。我们的第一篇文章是我与麦克卢汉邂逅第一天会话的产物。1974年，我正在多伦多大学新学院组织"Gnu操作系统俱乐部"研讨会，主题是新学院未来的研究，我邀请工业工程系的系主任阿瑟·波特(Arthur Porter)参与筹备，他打电话给马歇尔邀请他参与，并提到了我的名字。麦克卢汉听说过我的课程《物理学的诗学与诗歌的物理学》，他就请波特把我带到麦克卢汉研究所去，与他共进午餐。有机会与这样著名的学者和名人共进午餐，我感到非常兴奋。

我们在圣迈克学院教工饭堂吃饭。甫一落座，放下餐盘，麦克卢汉就问我教这门课有何收获。我说，我对李约瑟②在《文明的滴定》(*Grand Titration*)里提出的问题很感兴趣。李约瑟的问题是，虽然众多的技术起源于中国，为何抽象科学却滥觞于西方。我尝试回答说，因为一神教(monotheism)和成文法(codified law)是西方独有的，两者促成了普世法则的观念，这或许能解释李约瑟指出的悖论。麦克卢汉点头赞同，提出一个尖锐的问题：我们西方还有什么中国没有的东西。麦克卢汉似乎是在以每小时100英里的速度与我讲话，我完全跟不上他的语速，想不出如何回应，最后说，"我放弃。"他笑着说，"当然还有字母表。"

---

① 2016年，《图书馆的未来》终于刊出。

② 李约瑟(Joseph Needham, 1900—1995)，英国近代生物化学家和科学技术史专家，其巨著《中国科学技术史》对现代中西文化交流影响深远。

我喟然叹息,因为我立即看出他正在走向何方。我想起来,他在《谷登堡星汉》和《理解媒介》里就指出了字母表与抽象科学和演绎逻辑的关系。一切都豁然开朗了:字母表是分析、分类、编码和解码的范式。用字母表写作时,你必须把每个词分析成音位,用无意义的视觉符号即字母表征每个音位。由此可见,用字母表写作就是把语音编码为视觉符号,阅读字母表编写的文本就是把视觉符号解码为语音。就分类而言,字母表使每个词、每个名字能按音序排列,就像词典的编排一样。字母表全然是抽象的,音位表征语词的字母和语词表征的事物毫无关系。象形文字或汉字却不是这样的。

总体看来,字母表促成抽象、编码、分类、分析,这是抽象科学和演绎逻辑所必须的基本技能。我们两人意识到,我们独自对西方抽象科学兴起的解释可以互相补充和强化,于是就把我们两人的思想结合起来,提出这样一个假设:拼音字母表、成文法、一神教、抽象科学和演绎逻辑起初是西方特有的现象,它们促进并强化了彼此的发展势头。

包括字母表在内的这一切革新发生在一个狭长的地理区(底格里斯河—幼发拉底河流域和爱琴海),在一个狭窄的时间段(公元前 2000 年至前 500 年)。我们认为,这不是意外。虽然肯定了字母表和其他革新直接的因果关系,我们还是能宣示,拼音字母表(或音节文字)在这个事件的星汉里发挥了特别的能动作用,为这些革新互动的发展提供了背景或框架。

字母表效应与其促进的抽象思想、逻辑思想、系统思想可以解释,虽然中国人的技术成就伟大得多,虽然他们发明了冶金术、灌溉系统、畜力利用、造纸术、书画用的墨、印刷术、活字印刷、火药、火箭、瓷器和丝绸,为什么科学还是滥觞于西方而不是东方。这还要归因于一神教和成文法,因为它们在普世性(universality)概念的形成中发挥了作用,普世性概念是科学的基本构件。几乎所有的早期科学家如泰利斯(Thales)、阿那克西曼德(Anaximander)、阿那克西美尼(Anaximenes)、阿那克萨哥拉(Anaxagoras)和赫拉克利特(Heraclitus)等人都是自己群体里的立法者,都倾向于一神教,他们都相信一种统一的法测统治着宇宙。

就在我们在饭堂初次会晤的彼时彼地,我们决定把这些想法写成研究性文章发表。在交谈的整个过程中,我不停地记录,麦克卢汉只是讲。讨论到某一点时,他会说,请把这一想法记下来,然后我们又继续谈。午饭一吃完,我就回家,把交谈的观点记下来。我一度感到担心,因为我没有把握他是否喜欢我的观点:字母表帮助犹太人形成一神教和上帝的观念。我担心这会冒犯他的罗马天主教情感。其实大可不必。他爽快地接受了这个观点,基本上同意由我执笔的论文。

第二天我为他读手稿，他躺在沙发上，不时要我改一个词、一句话。他补充阐述了几个观点，但基本上接受我读给他听的手稿。他提议用《字母表乃发明之母》的题名（McLuhan & Logan 1977）。

建议说完后，他就叫我把加上他补充意见的手稿交给秘书玛格丽特·斯图尔特打出来，然后，他把打好的文章交给尼尔·波斯曼①［时任国际普通语义学杂志《等等》（*Etcetera*）主编］。他采用了我们的稿子，并送来短笺说，这是麦克卢汉用左脑观点书写的最好的文章。我在我们两人交谈后的当晚就完成了文章，仿佛在写一篇物理学论文，因此，那的确是左脑偏向的文章。

第十一节　麦克卢汉的探索

麦克卢汉文风极具挑战性的一个方面是他常用“探索”的手法。他所谓的探索是一种假设：他之所以要探索，并不是因为探索是正确的，而是因为他觉得探索有趣，而且他相信，探索可能引向新的洞见。和大多数学人不一样，他更喜欢搞新发现，并不求永远正确。1960 年采访他的斯科特·泰勒（Scott Taylor）写道：“麦克卢汉认为，他必须尽可能多地推出他的思想，说出来，或曰‘外化’出来，让环境去决定，什么重要，什么不重要。”连他的错误也给予人洞见。因为他不停地探索，不断地尝试新思想，并非他尝试的一切都是经过筛选、精心策划的。在《探索之书》（*The Book of Probes*, McLuhan and Carson 2003）里，麦克卢汉对“探索”一词是这样描绘的：“探索是感知的手段或方法。它来自会话和对话的领域，也来自诗学和文学批评的领域。和会话一样，口头的探索也是接连不断的、非线性的，同时从许多角度进行探讨。”

抱着这样的心态，他说出表面上自相矛盾的话：“我未必赞同我说的一切。”这句话的基本意思是，探索的时候，他试图察看一种想法把他引向哪里，而不是要证明他认为正确的东西。想要证明一个假设的科学家并不需要相信他想证明的假设是正确的。实际上，正如卡尔·波普（1934）所言，凡被视为科学的假设必须是要能被证伪的。麦克卢汉拥抱科学方法的原则，他行使一个科学家的职责。他观察媒介效应，提出假设，将假设视为探索，而探索既可

---

①　尼尔·波斯曼（Neil Postman, 1931—2003），美国英语教育家、媒介理论家、社会批评家、媒介环境学第二代精神领袖，在纽约大学创办媒介环境学专业和博士点，著作一共 25 本，要者有《美国的语言》《作为颠覆活动的教学》《认真的反对》《童年的消逝》《娱乐至死》《技术垄断》等，后三种已有简体字译本。

能是正确的也可能是不正确的。麦克卢汉甚至提出第三种选择：假设可能是正误参半的，他宣告，半正确也有很多正确的方面。他不必每次都完全正确，他只需继续探索。他很喜欢指出“probe”（探索）和“prove”（证明）的紧密关系。实际上，用科学方法并不能证明任何东西，这是因为如果你要证明一个假设是正确的，它就不能被证伪，因此，用波普尔的标准来衡量，你这个假设不是科学命题（Logan 2003），你所能做的仅仅是探索和检测。

第十二节　麦克卢汉俏皮、幽默，爱玩游戏

麦克卢汉喜欢开玩笑。有人挑战他的观点或探索时，他会回敬说，“你不喜欢那些想法吗？我还有其他一些呢。”麦克卢汉使用这样的回敬术是在1955年哥伦比亚大学师范学院的一次研讨会上，会议由路易斯·福斯戴尔（Louis Forsdale）主持，他的回敬指向社会学系的系主任罗伯特·默顿①。默顿准备批评麦克卢汉演讲里提出的观点。这次交锋使麦克卢汉是另类的恶名在外：他不遵守学界游戏规则。其实他那是在闹着玩，每当他提出新概念或谈论新概念时，他都采取幽默的姿态。

他相信，游戏是发挥新思想的必要条件。他常说，没有车轮和车轴的互动，轮子就僵住不动。在我与他交往的岁月里，他反反复复念叨这个“咒语”。到了近年，严肃游戏（serious play）的概念才成为时尚，而麦克卢汉终生在玩严肃的游戏。他有一次说，“艺术家要用亲身体验的新办法不停地游戏和实验，即使他的大多数受众喜欢固化在他们原有的感知态度里。”在这里，他实际上是在描绘自己半学者、半诗人的技能，基本上，他用高度艺术化的暗喻表达自己的意思，这使许多学界同事瞠目，因为他们追求的是严格理性和分析的路径。

麦克卢汉用游戏手法和他的偏好有关：他对过程的喜好胜过他对产品的喜好。他关注的不是他自己沉思的产物，而是他沉思的过程，即他的探索。他写道：“真正的游戏……强调过程而不是产品。”（McLuhan, Fiore and Angel 1968, p.173）这可以解释，他对口头对话的喜爱胜过书面的表达。会话是过程，书本是产品。

---

①　罗伯特·默顿（Robert K. Merton, 1910—2003），美国社会学家，长期供职于哥伦比亚大学，结构功能主义的代表人物之一，著有《17世纪的英格兰技术与社会》《社会理论与社会结构》《站在巨人的肩膀上》《理论社会学》《科学社会学》《官僚结构和人格》《大众信念》《科学发现的优先权》《科学界的马太效应》《社会学中的结构分析》等。

第十三节　麦克卢汉的内心对话

麦克卢汉的典型特征是重复精炼警语或探索，对有些人而言，这似乎是没完没了的重复，但我觉得，他只是在检测他思想的有效性。虽然他重复同样的警语，但每次重复的语境都是新的，那是在新环境里测试其有效性。他不停地探索和思索，把心之所想说出声，看看自己听上去怎么样，看看能引起有幸和他对话的人是什么样的反应。检测新的想法时，他总是多次重复；一旦遇到新的证据或例证，那就说明具体的探索有用了。

我观察麦克卢汉的会话：与大群人的会话，与圈子里同事的会话，以及他与我单独的会话。他对周围的人说话时，同时又在进行内心的对话，那是在厘清他自己的思想。当然，他对听者的评述感兴趣，听者持不同意见时，他尤其感兴趣，因为那是他进一步探索自己思想的机会。他更注意不赞同的人，而不是注意跟着他说话走的人。对唯唯诺诺的应声虫，他是没有耐心的。他喜欢有去有回相互感应的对话，对话中有人会持与他不同的立场。而且他并不僵化，根据与他人的争论，他是可能改变自己想法的。虽然不经常发生，但的确发生过。一种想法或探索会进行几个星期，并不断提炼，直到得出满意的结果。那样的重复是一种思想实验，宛若科学家为弄清自然如何运行而常常进行的实验。麦克卢汉(1969, p.14)把他研究的媒介当作自然。“新媒介不是人与自然的桥梁，他们就是自然。”从我的视角看，麦克卢汉的运转更像科学家，而不像文科学者；更像实验师，而不像理论家。

第十四节　麦克卢汉爱说笑，他惊世骇俗的原因

“他似乎是很聪明、很严肃的人，出于个人的原因，他宁可带上江湖郎中的面具。”(Arthur M. Schlesinger Jr. 1988, p.118)

我认为，麦克卢汉喜欢用惊世骇俗的方式表述自己的思想，是有原因的。他用许多同事不能忍受的方式行事，我相信这就是他们将其视为江湖郎中的原因。他刻意震撼读者和学生，使他们情感上受震动，目的是要吸引他们的注意力。毕竟一如他所言，他未必相信他说的一切。据跟他学习的学生赫尔佳·哈巴菲尔那(Helga Haberfellner)回忆，每当他说出惊人的话，而听课的学生没有反应时，他就会说，“你们不会让我就这样下课走人吧？”他想刺激学生或听众，让他们独

立思考。他相信,每一种新媒介都让使用者麻木,使人感知不到其效应,所以他觉得有必要用夸张的手法,目的是要让使用者意识到新媒介的效应。他曾经对采访者如是说:"无论你是牧师或教授,把你的思想送达人们的唯一办法是刺痛他们。你真的要伤及骨头,就像是做手术。"(Marchand, 1989, p.180)他在《理解媒介》里写道:"我站在巴斯德①的立场上对医生们说,"他们的敌人是完全看不见的,而且医生对自己的敌人也一无所知"(McLuhan, 18 1964)。他不仅想告诉人们当代新媒介的冲击力是什么,他还想要人们自己去发现这样的冲击力。无论已读过多少次,每次重读麦克卢汉时,你都会有新的洞察,其原因就在这里。这就是对他一个观点的说明:"使用者是内容。"

对他惊世骇俗言论的第二种解释是,他喜欢说笑,说俏皮话是他人格不可分离的部分,也是他研究方法不可分离的部分。据赫尔佳·哈巴菲尔那回忆,他听见麦克卢汉说,双关语是意义的十字路口,是一种意合形式。难怪,许多刻板的学人觉得他和他的手法难以理解。麦克卢汉认真对待俏皮话,因为它们能给人洞见。他写道:"我感谢喜剧演员史蒂夫·艾伦(Steve Allen)。他说,所有的笑话建立在牢骚之上。我把艾伦的话倒过来说:哪里有牢骚,哪里就有笑话。"麦克卢汉俏皮话背后隐藏的牢骚是,他清楚地看见电力媒介的效应,而他的大多数同事却看不见;他的另一种牢骚是,批评者看不见他探索的价值。这引起他的回击:"你以为我的谬论全错了?"顺便提一下,他在演伍迪·艾伦②导演的电影《安妮·霍尔》里使用了这句话。他本人扮演麦克卢汉,排队买票的年轻教授向他解释麦克卢汉的思想时,他说道:"你对我的著作一无所知,你的意思是说,我的整套谬论全错了。"

> 麦克卢汉喜欢说对抗性的、喋喋不休的吊诡的话,上了瘾,常常把一个想法推向可笑的极端。这见于他研究中心的周一晚研讨会,这是所谓"自由交流"的夜晚,应邀讲演的客人参与对话。研究中心十三年间的贵宾有:特鲁多③、格伦·古尔德④、约翰·列侬⑤、爱德华·阿尔

---

① 巴斯德(Louis Pasteur, 1822—1895),法国生物学家、化学家、免疫学家,近代微生物学创始人,发明消毒素等,对近代医学作出了杰出贡献。

② 伍迪·艾伦(Woody Allen, 1935—),美国电影导演、戏剧和电影剧作家,代表作有《安妮·霍尔》《汉娜姐妹》《开罗紫玫瑰》《性爱奇谈》《人人都说我爱你》等。

③ 皮埃尔·特鲁多(Pierre Elliot Trudeau, 1919—2000),加拿大自由党人、总理(1968—1979),任内与中国建立外交关系,曾创办《自由城》评论月刊。

④ 格伦·古尔德(Glenn Gould, 1932—1982),加拿大著名钢琴家,技巧完美,但演奏时常偏离传统。

⑤ 约翰·列侬(John Lennon, 1940—1980),出生于英国利物浦,英国摇滚乐队"披头士"成员,摇滚音乐家,诗人,社会活动家,1980年12月8日被一位歌迷枪杀。

比①和富勒②。但客人难得有机会讲完话，因为麦克卢汉总是要插话打断，然后，讨论就带上了一丝喜剧的调子，对话人就用上了狡黠的格言警语，带一丝挖苦味。(Powe 1982, p.128)

麦克卢汉是段子手，用幽默的话语表达严肃的观点，许多人没有领会到他的幽默。丹尼尔·齐忒罗姆(Daniel Czitrom (1982, p.165)写道：

从技术角度批评麦克卢汉的人不着边际。你怎么能从逻辑上去批评一个俏皮的人，你怎么能批评宣示线性逻辑业已终结的人？麦克卢汉对现代媒介的分析深刻地改变了20世纪人的感知生活，尤其改变了二战后的一代人。法国人生造了一个词"mcluhanisme"(麦克卢汉主义)，他们指的不仅仅是麦克卢汉这个人，而且指一种新的文化姿态对大众文化严肃考察的奉献。姑不论其他结果，麦克卢汉的努力灌输了对媒介环境的紧迫意识，成为形塑现代感性的一股基本力量。

第十五节　"试图区分教育和娱乐的人既不懂教育，也不懂娱乐"

诸如此类的言论激怒了学界的许多人，他们觉得麦克卢汉没有认真看待他们的角色。其实，麦克卢汉只不过是说，信息超载的电力时代有许多使人分心的干扰，老师要让学生觉得有趣，维持其注意力以达到教育学生的目的。他还相信，学生通过自娱自乐同样可以受到教育。"假定教育和娱乐有区别，那是误导……凡使人愉悦的事，教育效果就愈好，古今皆然。"(McLuhan 1957, p.26)

他相信，惩罚学生、惩戒学生不会生效。这句话的佐证是，教学效果最好的老师和教授往往是最有趣的，就是说，他们最善于吸引学生的注意力。马歇尔·麦克卢汉肯定是有史以来最使学生感到快乐的教授！

麦克卢汉喜欢用笑话来表达自己的观点，他喜欢和学生分享快乐，学生真的热爱他。我举一个他想跟学生开玩笑的例子。我开始与他合作不久的一天，他要我主持他的周一晚研讨会。他告诉我，他要和特鲁多总理共进晚餐，想要请总

① 爱德华·阿尔比(Edward Albee, 1928—2016)，美国剧作家，三次获普利策戏剧奖，代表作《动物园的故事》《三个高个子女人》等。

② 巴克敏斯特·富勒(Buckminster Fuller, 1895—1983)，美国建筑学家、工程师、发明家、哲学家、诗人，被认为是20世纪下半叶最有创见的思想家之一。建筑设计富有革命性，运用所谓的迪马克喜翁原理(Dymaxion principle)，主张以最少材料和能源求得最佳效果，设计了一批永垂不朽的著名建筑，获英国皇家建筑金质奖章，1968年获得美国文学艺术协会金质奖章，著有《太空船地球使用指南》等。

理莅临我们的讨论会,让与会者感到意外惊喜。所以我不得向与会者透露半点信息,我严守秘密。我听见护送总理的摩托车队来临时,我是唯一知道即将发生什么的人。他大步走进来宣告:“女士们,先生们,加拿大总理莅临。”特鲁多先生走近来,环视会场,致意,看见我说,“嗨,鲍勃,你好!”马歇尔惊得张大嘴巴,他不知道,我是特鲁多的政策顾问,此前我还没有机会告诉他,我参与政治。他喜欢开玩笑,让与会者惊喜,我也喜欢给他开玩笑。讨论继续,那晚的讨论题是双语政策和魁北克省的分离主义,马歇尔很感兴趣。雷内·莱维斯克(Rene Levesque)竞选获胜,他主张分离的省政府使特鲁多忧心。马歇尔和我通过书信继续与总理讨论这些主题以及电视作用的问题,马歇尔的书信是经他口授,由秘书玛格丽特·斯图尔特打出来的。

另一个麦克卢汉搞笑的例子发生在他初次请我去他家做客的时候。我们两人在电话上争论:闪米特字母表是否是西奈半岛的铜匠发明的,后来被希伯来人和腓尼基人借用后,成了第一种拼音字母表,我说那是第一种拼音字母表,他说那是第一种音节文字,希腊字母表才是第一种拼音字母表,那是希腊人发明的,他们在腓尼基字母表的基础上加了两个元音,形成自己的字母表。他又说,这两种字母表与腓尼基字母表的第一、第二个字母“alef”“beit”成为希腊字母表的“alpha”“beta”。我争辩说,有些闪米特送气音字母比如“alef”所起的作用就是元音的作用,闪米特字母表的确是第一种拼音字母表。于是,麦克卢汉说,“我们在电话上永远解决不了这场争论——你到我家来吃午饭吧。”我能进他家做客,不胜荣幸,他是令人敬畏的学者,而我和他相识才两个星期呀,我立即到一家酒店买了一瓶酒。我按响门铃,门应声洞开,马歇尔站在门口,披一件绿色围裙,上面有希伯来字母表的徽纹,笑容满面。他优雅地接过酒瓶,放在客厅的壁炉架上,领我进厨房吃午饭。我们坐下来吃他准备的午餐,一碗字母形花片汤(罗马字母)、饼干、一瓶啤酒。啤酒和汤喝完时,我们的争论已在轻松愉快的气氛中解决了。我们的谈话进入新的领地。

我还应该补充说,麦克卢汉爱用电话与同事联系,以分享涌入脑际的新念头,以听取反应,甚至仅仅是为了找个人聊聊,以厘清自己的思路。他常给我打电话,许多次还是在深夜。我还读到他的同事和朋友泰德·卡彭特①的记述,他也常常深夜接到麦克卢汉的电话。

希望读者原谅我插进这些个人的轶事,它们不仅显示了麦克卢汉的性格、他

---

① 埃德蒙·泰德·卡彭特(Edmund Ted Carpenter, 1922—),加拿大人类学家,麦克卢汉思想圈子的核心成员,传播学媒介环境学派第一代代表人物,20世纪50年代与麦克卢汉共同主持跨学科研究小组,主办《探索》丛刊。

对俏皮话的喜爱、他热情似火的友谊,而且使我有机会给听众讲两个故事。我应邀讲麦克卢汉时,听众很喜欢这两个故事,我一直想把它们用文字记下来。与麦克卢汉共事并向他学习是我一生最愉快的经历之一,这一段经历进一步印证了他的评论:教育和娱乐并不是互相排斥的,而是相互包容的——因为娱乐可能给人教益,而教育总是令人愉快的。麦克卢汉喜欢说笑,他用幽默表达严肃的观点,或探索一种想法。

第二章

麦克卢汉的重要概念与精炼警语

上一章已指出，麦克卢汉的书难懂，极具挑战性。虽然他没有用特别技术性的语言，但他的确反反复复使用了一些对他有特殊含义的表达。因为本书从头至尾使用这些语汇，本章的目标就是要拆解其含义。我相信，读者也会发现，他们阅读麦克卢汉的著作和文章时，这些术语的定义和解释颇有助益。

我们的重点是澄清对麦克卢汉一些基本概念的误解和误读。这些概念是：传播、大众媒介、视觉空间、听觉-触觉空间或声觉空间、触觉、感知系统、分割、非中心化、部落人或部落主义、地球村、过时、杂交媒介、人的延伸、冷热媒介、感知对观念、远程预警线（DEW line/Distant Early Warning line）、媒介定律等。

我们还要考虑麦克卢汉的一些警语，被他用作密码和速记法的精炼短句。由于其精简，"媒介即讯息""使用者是内容"之类的警语容易引起歧义的解释。我们将证明，如果把这些警语置入他全套著作的语境中去解读，它们的意思就十分清楚。

第一节　传播、新媒介和大众媒介

在麦克卢汉的著作里，我们始终会遇见本小节里的三个术语：传播、新媒介和大众媒介。妥当解读麦克卢汉的作品，那就必须了解他给这些术语赋予的特殊而细腻的意义。麦克卢汉（1954，p.6）认为：

> 大多数学者无缘无故地假设，传播是信息、讯息或观念的传输。这样的假设使人看不见传播的另一面：共同情景里的参与。这就导致忽视把传播形式当作基本的艺术情景，相比而言，这个情境比"传输"的信息或观念更重要。

在这里，我们瞥见了麦克卢汉最早对"媒介即讯息"观点的暗示，在以下几段引文中，我们瞥见了他更多的暗示。

对麦克卢汉而言，"新媒介"与我们今天所用的新媒介的意义不同，我们用新媒介指称数字媒介。他（1957a，p.22）所谓新媒介的定义包含在这些引文中："我们把报纸、广播、电影、电视等新媒介视为大众媒介，把书本视为个性化的形式。”在以下三段引文中，他阐述了大众媒介的概念：

“大众媒介”一语的使用令人遗憾。一切媒介尤其语言都是大众媒介，至少从其空间和时间分布而言是大众媒介。如果“大众媒介”意指以前一种传播渠道的机械化形式，那么，印刷品就是第一种大众媒介。报纸、电报、无线电广播、电话、唱机、电影、收音机、电视机就是书写、言语、手势、机械化的突变形式。就机械化引进“大众”的维度而言，“大众”可能就是指使用媒介的集体努力，以便把媒介送达更多的受众，也可能是指受众接收媒介的瞬时性。(McLuhan 1954, p.6)

语言本身就是一切大众媒介里最伟大的媒介。(McLuhan 1953b, p.124)

英语本身就是一种大众媒介。(McLuhan 1957a, p.24)

第二节 内容分析

为了让读者体会麦克卢汉一些很重要的概念，我做了一点内容分析(请马歇尔原谅)，以他影响最大的两本书《谷登堡星汉》和《理解媒介》为素材。在保罗·格拉纳塔(Paolo Granata)协助下，我记录了一些词语在两本书里出现的频次，意在向读者显示麦克卢汉喜欢使用的关键词。我的分析仅限于这两本书，因为它们基本上包含了麦克卢汉提出来的大多数概念，而且除了《机器新娘》之外，这是他独著的两本书。《谷登堡星汉》和《理解媒介》之后问世的书和文章详细阐述了这两本书提出的主题。

表1 《谷登堡星汉》和《理解媒介》的关键词及词频

关键词	《谷登堡星汉》	《理解媒介》
媒介	38	473
新	353	473
电力的	38	459
电视	23	449
形式	268	393
人/人类(man)	354	390
世界	279	383
社会	119	369

(续表)

关 键 词	《谷登堡星汉》	《理解媒介》
延伸	18	340
技术	142	331
时间	238	329
感知/感官	190	306
书面文化	68	282
形象	53	275
力量	107	266
印刷术/印刷品	321	262
机械的	42	251
文化	351	244
视觉的	100	234
广播	20	212
时代	184	204
艺术	54	198
人(human)	174	187
生活	136	181
信息	118	171
过程	96	169
美国	36	168
空间	83	168
人们/人民	103	166
经验	216	162
书	100	151
部落的/部落主义	37	133
口语的	80	116
文字	69	106

（续表）

关　键　词	《谷登堡星汉》	《理解媒介》
冷/酷	4	98
热	2	95
自动化	3	67
艺术家/艺术的	43	63
知识	94	62
感知	32	56
教育	24	56
触觉的/触觉	58	53
讯息	7	53
相互作用	52	35
场	34	35
计算机	1	29
理性的	11	27
手稿	52	27
观念	41	24
学校	15	24
围墙	5	23
无围墙	1	11
经济学	22	21
杂交	0	21
环境	6	20
非视觉的	12	17
政治	11	17
媒介即讯息	0	11
过时/过时的	0	10
工具	9	9

（续表）

关　键　词	《谷登堡星汉》	《理解媒介》
共鸣	10	8
教会	10	8
宗教	21	6
听觉的	29	5
线性的	7	5
声觉的	9	3
数字的	0	3
地球村	4	2
伺服机制	0	3
温德汉姆·刘易斯	4	3
伊尼斯	15	0

第三节　媒介、技术和工具——活生生的力的漩涡

我们的内容分析显示，麦克卢汉的焦点是媒介、技术和工具，他以可互换的方式用这三个词。对他而言，媒介是我们的任何延伸，是我们与环境互动的中介。我们还应该指出，除了口语词，一切媒介都涉及人造物、技术或工具。麦克卢汉不区分人造物、技术或工具。汽车、房子和衣服都是工具或技术，而且是媒介。书面词既是媒介，也是技术。同时，书面词以不同的技术为中介，比如芦苇管硬笔和泥板，钢笔和墨水，打字机、印刷机和计算机。广播电视既是媒介也是技术。他所用的“技术”一词既包含书写用的硬件，比如钢笔或电脑，也包含软件，比如字母表或文字处理程序。

麦克卢汉的另一个关键的概念是：媒介造成自己的环境，媒介不是被动的信息通道或被动的工具，而是积极主动的动因，产生独立于内容的效应。媒介是“活生生的力的漩涡，造成隐蔽的环境（和效应），对旧文化形式产生侵蚀和破坏的作用”（McLuhan 1972，p.v）。媒介既影响人的心理，又影响社会赖以运行的社会、经济、政治和宗教范式。

第四节　媒介作为人的延伸

麦克卢汉认为，技术和媒介是人与自然互动的中介，故而是人的延伸。

我认为技术是我们身体和官能的延伸，无论衣服、住宅或我们更加熟悉的轮子、马镫，它们都是我们身体各部分的延伸。为了对付各种环境，需要放大人体的力量，于是就产生了身体的延伸，无论工具或家具，都是这样的延伸。这些人力的放大形式，人被神化的各种表现，我认为就是技术。(McLuhan，McLuhan，Staines 2003，p.57)。

技术乃人体延伸的理念是麦克卢汉理解媒介的核心概念，所以他把这一理念纳入《理解媒介》，将其用作副标题：人的延伸。为了让年轻读者理解，我应该指出，麦克卢汉写这本书时，用“man”指“humankind”并非政治上不正确。翻译成如今的话语，“人的延伸”应该是“extensions of humankind”。媒介是人的存在的延伸，因为它们提升了人的机能。机械技术和物质技术把人体延伸进这样的空间，相反，传播媒介延伸我们的中枢神经系统或心理。“因为一切技术都是我们的延伸，或者将我们转换成各种物质材料，所以一种媒介的研究有助于我们理解一切其他媒介。”(McLuhan 1964，p.139)因此，媒介研究需要整体观和多学科路径，如此方能理解媒介对媒介使用者产生的影响，方能理解它对人生活其间的社会所产生的影响。

麦克卢汉辨识媒介反直觉的、阈下的和复杂的影响，所以他有时似乎显得自我矛盾。“我们无意间、不自主地依靠革新创造的环境，利弊皆有，这对我们的知觉和理解提出了很高的要求。”(McLuhan 1972，p.vii)《理解媒介》有一章题名“唱机：使国民胸腔缩小的玩具”。这一表述确认了录制音乐不利的一面以及无意为之的结果。换言之，一旦家里可以轻易获得专业录制的音乐，人们就不再在家里歌唱。麦克卢汉的使命之一就是让世人知道新媒介比如电视的弊端，它们是无意间产生的不知不觉的负面影响。他认为，媒介研究是一条路径，我们借此理解新媒介产生的变革过程，保护社会，使之免遭他所谓的“媒介的放射性尘埃”。“警语的实质难道不是防止媒介放射性尘埃的民法系统吗?”(McLuhan 1962，p.294)

技术是我们人体的延伸，是我们心灵的传播媒介，这个观点的另一面是他的另一个观点：使用电力媒介时，我们被肢解，成为无形无象之人。“打电话时、上广播电视时，你没有肉体……你就是无形无象的人。”(McLuhan，McLuhan，Staines 2003，p.268)

第五节 人的感知系统、声觉空间和视觉空间

马歇尔·麦克卢汉的成就在于探讨了一个假设：技术改变人的感知。——Wilfred Watson's notebook (June 20, 1977)

感知依靠感官比率。技术改变这样的比率。——Wilfred Watson's notebook (August 17, 1978)

没有任何感官是孤立运行的。——Marshall McLuhan (1957b, p.99)

声觉世界是电力同步性的世界，它没有连续性，没有同质性，没有连接性，没有停滞性。一切都在变化中。——Marshall McLuhan (2003, p.226)

麦克卢汉是象征主义诗人的粉丝，他们使他敏锐地认识到感官、通感和感知系统的主要性。他在著作里常用感知系统这个词。对他而言，感知系统是我们感知的总和，或者是我们感官的住所。他认为，每一种传播媒介、每一种技术都对我们的感知系统产生独特的影响，换言之，每一种传播媒介、每一种技术都有自己独特的感知偏向，这样的偏向影响我们感知世界的方式，影响我们形成认知风格的方式。

任何文化里的任何技术革新都迅速改变我们的感知比率。新技术必然产生新环境，新环境不停地作用于我们的感知系统。(McLuhan and Fiore 1967, p.136)

技术的影响不发生在意见或观念的层次，而是稳步改变感知比率或感知模式，不会遭遇任何抗拒。(McLuhan 1964, p.18)

我们的感知取决于我们所用感官的比率，技术和媒介改变这样的比率。在以下两段《理解媒介》的引文里，麦克卢汉对比了印刷品和电视对感知比率的影响：

"印刷品要求孤立而简单的视觉功能，而不是统一的感知系统。" (ibid., p.269)

"随着电视而来的是触觉的延伸或感官互动的延伸，感官互动深刻地影响着整个感知系统。" (ibid., p.233)

麦克卢汉(1969, p.23)在《逆风》(*Counterblast*)里澄清了上一条引语的意思："触觉性(tactility)不是一种感官，而是所有感官的互动。"

麦克卢汉考虑两种不同且对立的感知系统的状态，他将其描绘为视觉空间和声觉空间，声觉空间有时称为听觉-触觉空间。他相信，前文字文化或口语文化的感知受听觉-触觉支配，在这种状态下，信息是在真实时间里同步处理的。

在书面文化社会里，信息是动用视觉去阅读来获取的，这养成视觉偏向，信息的处理呈线性序列，一次一事，书面词的获取也呈现同样的模式。结果，书面文化人在视觉空间里运行，视觉偏向始于非拼音文字，字母表出现后加重，印刷机到来后更为严重了。麦克卢汉坚称，在电力时代我们回归声觉空间，因为信息的同步获取恢复了口语时代的感知模式。他相信，书面文化的线性序列模式是靠视觉理解的，这一模式是由电力信息的同步性决定的。在数字信息情况下，线性序列模式更是这样决定的。这一模式常常被超文本打断，被其他文本的连接打断。《不列颠百科全书》的印刷版是线性的，一次一篇文件，按篇名的音序排列。相反，维基百科是一个网络，由互相参照的文章组成，无头无尾，只能用搜索引擎去获取。最近，《不列颠百科全书》的出品人决定继续往前走，他们的百科全书只发行数字版，但不像维基百科，维基百科是众包(crowdsourcing)的《不列颠百科全书》，《不列颠百科全书》将继续维持专家编辑的样式。

我认为，麦克卢汉(1969, p.112)对声觉空间或听觉-触觉空间最优美、最富有诗意的描绘可见于《逆风》：

> 从声觉而不是从语义上来考虑，一个词是一个复杂的和声关系的集合，像海螺一样优美。这些关系是动态的，同步的，用无声的间隙分隔。一组和声关系构成一个场体(field entity)，实验心理学家称之为声觉空间。如果说视觉空间很大程度上取决于我们的视觉习惯，声觉空间则完全由我们的听觉建构。心理学家告诉我们，声觉空间是球形的，因为我们同时听到来自于四面八方的声音，声觉空间没有方向的线条，它不包含任何东西；它被这些动态力量定义为一个物理实体。

麦克卢汉采用多伦多大学同事、心理学家卡尔·威廉斯的声觉空间的概念，威廉斯师从博特(E. A. Bott)。博特认为，声觉空间没有中心也没有边界，因为我们同时听见从四面八方传来的声音。

泰德·卡彭特在回忆麦克卢汉的一段文字里描绘了声觉空间一词的由来：

> 卡尔提供了最初的突破。他用“听觉空间”一词描绘 E. A.博特的一场实验……“听觉空间”一语如同电击。马歇尔将其改为“声觉空间”，同时引证象征派诗歌。杰姬(杰奎林·提尔惠特)论及印度古城法地布尔·西格里(Fatehpur Sikri)的声觉空间。汤姆·伊斯特布鲁克看到中世纪欧洲类似的现象。我则介绍爱斯基摩人的声觉空间。

麦克卢汉把声觉空间的概念用于电力信息，因为我们受到来自四面八方的电力信息的轰炸，世界各地的信息大致是同步抵达的。通过声觉空间，我们同时听到四面八方的信息，因此声觉空间是表征电力信息空间比较好的比喻。早在

1957 年第七期的《探索》里，他就解释了电力信息和听觉空间的关系。

> 以前读手稿的人速度很慢，读不了多少，不可能形成什么时间的感觉。无论谈到过往的什么事情，他的感觉都是当下。就像今天，我们的历史知识的同步性和包容性使人感到知识如在当前。通过看上去非听觉的方式，我们再次回到口语时代。(McLuhan 1957b, p.102)

> 电力时代的特征之一是，我们同步生活在过往的所有文化里。过往的一切全在这里，未来的一切全在这里。(McLuhan, McLuhan, Staines 2003, p.213)

凡是提供同步信息的媒介，麦克卢汉都认为占有声觉空间。比如他写到，“唱机是声觉的，因为它同时提供许多事实”(ibid., p.99)。

麦克卢汉把电力信息表征为声觉空间，这和我们当前的赛博空间的概念有契合之处。赛博空间是威廉·吉布森①在小说《神经漫游者》(*Neuromancer*)里率先提出的。

对麦克卢汉而言，书面文化感知的视觉空间有一种线性、序列的走向，这是一次一事的空间，连续的、连接的空间。

> 视觉空间——唯有这种感知——生成整齐划一、连续不断、连接一体的时空形式。欧几里德空间有视觉人和文字人的特点。随着电路和信息的即时移动到来，欧几里得空间减退，非欧几里德几何出现。牛津大学数学家刘易斯·卡罗尔(Lewis Carroll)完全意识到我们世界的这些变化。在《爱丽丝漫游奇境》里，他让爱丽丝穿过穿衣镜进入这样一个世界：每件物体都产生自己的空间和环境。对视觉人或欧几里德人而言，物体是不产生时间和空间的，它们只不过装进了时间和空间。世界即环境的概念大致是固化的，这个概念是书面文化设想和视觉假设的产物。(McLuhan 1966a)

我觉得这段文字特别有趣的是，麦克卢汉认为，在电力时代，物体产生自己的空间。这正是爱因斯坦的广义相对论里展示的现象。麦克卢汉总是用一种神秘的方式，将现代物理学融入他对媒介的理解里。他把爱因斯坦的相对论与电力信息的媒介生态联系起来，两者都依靠信息的光速传播。他把这两个世界连接起来，指出两者都借用非欧几里德空间：相对论的四维时空和电力信息的声觉空间。

> 越议论声觉空间越意识到，这正是过去 50 年来数学家和物理学家所谓

① 威廉·吉布森(William Gibson, 1946—)，美国科幻小说家，《神经漫游者》1984 年一举获得英语科幻文学界的三大主要奖项：雨果奖、星云奖和菲利普·狄克奖。

的时空、相对论和几何学的非欧几里德系统。(ibid., p.114)

丹齐克①很容易就发现,虚拟的经典几何学何以成立。字母表促成印刷术,经典几何学从印刷术吸收大量的营养。熟悉我们时代的非欧几里德几何学也倚重电力技术,从中汲取营养与合理性。如今,数学家看清了两者的关系,就像他们过去看清了字母表和印刷术的关系一样。(McLuhan 1962, p.220)

麦克卢汉学问迷人的方面之一是他连接文学世界和科学世界的方式,借此,他把物理学的诗意融合进他对媒介的理解中。

我们回头看麦克卢汉对视觉空间的描绘。他断言,视觉空间兴起于书面文化,是拼音字母表、抽象概念、演绎逻辑、欧几里德几何与抽象牛顿物理学的空间。视觉空间的感知偏向是线性的、序列的、一次一个的、客观的、理性的、演绎的、分割肢解的、因果关系的和专门化的;相反,声觉空间的感知偏向是非线性的、同步的、四面八方的、主观的,其特征是深度参与的、具体的、直觉的、无所不包的、神秘的、归纳的和经验性的。与大脑左半球专业性相关的模式构成视觉空间的特征,声觉空间的特征与右脑相关功能模式相联系。“专家的技术引起非部落化。非专门的电力技术引起重新部落化。”(McLuhan 1964, p.38)

兹将麦克卢汉视觉空间和声觉空间的差异图示如下。我编纂这个图表让戈登·高(Gordon Gow 2004, p.199)分享,他的文章《理解麦克卢汉空间》(“Making Sense of McLuhan Space”)借用了这个图表。我把这个表忘得一干二净,把它丢失了,直到上谷歌搜索“acoustic space”才发现它。哎哟,我丢失的图表就在那里。

表2 麦克卢汉视觉/声觉空间差异表

视觉空间	声觉空间
序列的	同时的
非同步的	同步的
静态的	动态的
纵向的	横向的
左脑的	右脑的

① 托比亚斯·丹齐克(Tobias Dantzig, 1884—1956),立陶宛裔美籍数学家,先后在多所美国大学执教,著有《数:科学的语言》《线性规划及其范围》等。

（续表）

视　觉　空　间	声　觉　空　间
外形	背景
专门型	整体型/通用型
调性的(tonal)	无调性的(atonal)
各向同性的(isotropic)	非各向同性的(anisotropic)
容器	网络
机械的	电力的
粒子	场,共鸣

麦克卢汉用部落人或部落主义来指称口语文化,故将声觉空间与口语社会或"部落人"相联系。从我们时代的视角看,麦克卢汉色彩斑斓的术语并非总是政治正确的,但对1911年出生的人而言,这十分自然。他不厌其烦地解释声觉空间是什么意思。"我用'部落'一词,不作价值评判,从结构上指的是这样一些情况:口语传统的非集中化和基于耳朵和身体接触的文化多样性占主导地位。"(McLuhan 1999, p.51)

麦克卢汉认为,书面文化尤其拼音字母表引起了口语文化社会向书面文化人的转折,口语文化社会嵌入声觉空间,书面文化人嵌入视觉空间。

> 唯有拼音字母表才将人的经验截然分割,让使用者用眼睛代替耳朵,使他从宏亮的话语魔力和亲属网络的部落痴迷状态中解脱出来……拼音字母和数目字是最早使人分裂和非部落化的媒介。(McLuhan 1964, pp.82 & 105)

电力时代到来后,视觉空间向声觉空间和口语文化感性的逆转随之发生。"电力时代的内爆将口头的和部落的耳朵文化带到西方社会有文化的……巨大的加速,比如随电力发生的加速,又可能有助于恢复热情参与的一种部落模式。"(ibid., pp. 38 & 58)麦克卢汉将无线电广播比作部落鼓(tribal drum),它拥有"使人类非部落化的力量,它几乎在瞬间使个人主义逆转为集体主义、法西斯主义或马克思主义"(ibid., p.265)。

"电力使人同时接触存在的各个方面,就像大脑本身。电力仅仅偶尔是视觉的和听觉的,它首先是触觉的。"(McLuhan 1964, p.249)电力使我们彼此接触,无论我们是在同一地方还是被物理距离相隔,电力信号在瞬间跃过了相隔的距离。

媒介不仅影响个人的感知系统,而且总体上影响社会及其制度。一种文化的主导媒介和技术的知识决定着"文化的整个结构和模式的原因与形塑力量，从心理和社会上来看都是如此"(McLuhan 1972, p.xii)。每一种新媒介的引进都重构人的感知系统，重构社会结构和机构。社区改变自己的形式以适应他们使用的技术，技术成为社区的延伸，正如技术是个体使用者的延伸一样。麦克卢汉认为，媒介研究是了解社会变革过程的方式，目的是要研究使社会免于新媒介的破坏作用。

出于他的学术目的，麦克卢汉更注重于口头传统的声觉空间，而不是文字视觉空间。他的探索计划有一个明显的特征，那就是缺乏正统学术传统的方法论，缺乏"观点"或假设，随后的一切观察都是用来支持或驳斥这个观点的。他说自己没有"观点"的研究路径是"观察而没有观点"(McLuhan 1977)。观点是视觉空间的特征，把人固定在单一的视角上，这使人洞察的丰富性受限。观点表现出书面词的视觉偏向，而不是声觉信息流的同步性和同时性，同步性和同时性是电力信息时代和口头传统的特征。在麦克卢汉看来，观点相当于"牛顿的单一视野"。

麦克卢汉从多重视角同时观察现象，颇像毕加索①、布拉克②、杜尚③等立体派画家，立体派在画布上同时从各个侧面表现对象。麦克卢汉研究媒介效应，同时提供社会科学家、科学家、技术专家和艺术家的视角。他的研究路径是多学科的，用许多视角；同时又是跨学科的，把这样的多重视角联系起来。他把象征主义诗人、报纸、爱因斯坦相对论、量子力学和口头传统连接起来。他相信，人类各种各样活动的边界正在消失。"我们进入电力信息世界时，不仅进入了艺术家的世界，而且我们看见艺术与自然、商务与文化、学校与社会旧的对立消失了。"(McLuhan, McLuhan, Staines 2003, p.5)

鉴于多重视角的需要，观点的方法、单一视角的方法再也站不住脚了。观点的方法导致分类法，一种左脑处理过程，而界面工作引出模式识别，是一种右脑处理方式。观点的方法与库恩④所谓的"常规科学"提法(Kuhn 1972)一致。一旦革命性的思想成功描绘一组新的数据或现象，一种新的范式随即形成，新的范

① 保罗·毕加索(Pablo Piccasso, 1881—1973)，立体派创始人，20世纪最富有创造性、影响最深远的艺术家，作品数量惊人，风格技巧变化多样。

② 乔治·布拉克(Georges Braque, 1882—1963)，法国立体派画家，代表作有《桌上的白兰地酒瓶和吉他》《单簧管》等。

③ 马塞尔·杜尚(Marcel Duchamp, 1887—1968)，法国画家，达达派代表人物，代表作有《下楼梯的裸女》《泉》等。

④ 托马斯·库恩(Robert Kuhn, 1922—1996)，美国科学史家、科学哲学家，代表作有《哥白尼革命》《科学史》《科学革命的结构》等。

式就被模仿，就在尽可能多的领域里得到应用。新范式的发展形成“革命科学”，缺乏观点。对“常规科学”即新范式进行阐释时，自然要将新范式作为观点。麦克卢汉毕生徜徉在追寻创新的状态中，没有具体的观点或范式。从事革命科学的科学家成为批评者的靶子，因为他们拥护陈旧的观点，也就是正在被新革命范式取代的旧范式。这可以解释许多麦克卢汉批评者的恶意和尖刻，他们目睹旧样式被这位轻松幽默的教授扫荡，他不遵守专门的学术生活礼仪。

第六节　三个传播时代

麦克卢汉深知媒介对人的感知系统的影响力，这促使他根据当时传播的主流媒介，把人类历史分为三个特色鲜明的时期。第一个时代即口头传统时代，从人类最初习得语言到五千年前书面文化的发轫。第二个时代即书面文化时代，涵盖从书写发明到电能的发现以及电报、电话和无线电广播电视等形式媒介的使用。书写文化时代又细分为三个时期，第一个时期始于文字符号的出现，用上了表意文字，诸如象形文字和随后的音节文字，第二个时期里有拼音字母表的发明，第三个时期出现印刷机的发明。第三个传播时代是电力信息流的时代，始于使用电报的1844年直到目前。

> 我们时代的媒介或处事方法，即电力技术正在重塑和重构社会相互依存的模式和我们生活的方方面面。这迫使我们重新思考和重新评估以前被视为理所当然的一切思想、一切行为和一切机制。一切都在变——你个人、你的家人、你的教育、你的邻里、你的工作、你的政府、你和“他人”的关系，这一切都在发生戏剧性变化。(McLuhan and Fiore 1967, p.8)

在这三个传播时代里，社会经济和文化生活都深受主流传播媒介的影响。因为每一种新的传播模式都冲击着社会，它会支配那些先前的媒介，而不是使之过时，但会戏剧性地改变其特征和应用方式。自然，言语即口语传统在书面文化时代和电力时代都存活下来，然而其功能变了。它维持了会话和日常交流里的主导地位，却不再是文化传统的贮藏所(荷马时代的言语才是文化传统的贮藏所)，把他当作传统文化的宝库，也不再是从村子到村子、国家到国家传递新闻的手段。跨越时空传播信息的行吟诗人被文字记录取代，文字记录通过信使跨越空间，通过图书馆或档案馆穿越时间。有了文字以后，口语词就带上了新功能，有时在诗歌和戏剧的包装下成为一种艺术形式。口语传统的诗歌并非有意成为一种艺术，而是像埃里克·哈弗洛克(1963)所指出的那样，是作为一种记忆术帮助讲故事的人的记忆。

随着新电力媒介的到来，书写也经历了极大的变化。正如麦克卢汉所言，现代报纸是印刷机和电报的产物。电力和瞬间的信息流改变了作家的心理环境，用麦克卢汉的话，使得他们“生活在神秘和幽深中”(McLuhan 1964, p.vii)。其结果是，作家开始关注心理学、人类学和社会学。心理小说和意识流手法随之降生。电能的产生打开了另一种出乎意料的影响口语词的开关，换言之，口头传统在19世纪和20世纪初的艺术、音乐和文学世界里复活了，典型的有爵士乐和在立体主义艺术中非洲面具的使用。

麦克卢汉著作的推进力、《理解媒介》和后续文本的焦点，都是电力媒介带来的巨大变革。吸引麦克卢汉注意力的一些主题是电力媒介引起的许多变革。比如他说，电力信息使我们“延伸中枢神经系统去拥抱全球”并体验“深度介入”，使书面文化时代的许多发明逆转，于是就出现了从分裂到整合的转折、从中心化到非中心化的转折、从强调硬件和装配线到软件和学习的转折，下列《理解媒介》的引语足以为证。

第七节　论分割及其在电力信息条件下的逆转

> 人的工作的结构改革是由分割肢解的技术塑造的，这就是机械技术的实质……电能的效应不是集中化，而是非中心化……功能的分离，阶段、空间和任务的分割，是西方世界偏重文字和视觉社会的特征。通过电力技术产生的瞬间有机的相互联系，上述分割就趋于消融瓦解了。(ibid., pp.8, 47 & 247)

分割肢解的逆转还反映在学术活动从专门化到跨学科性的转变中，这是麦克卢汉的主张，我们将在第五章第二节“麦克卢汉的反学术偏见和学界的反麦克卢汉偏见”里解释这样的转变。

第八节　电力信息造成从中心化到非中心化的转变

> 因为电能不依靠场所或工作的操作类型，所以在它所需完成的工作中产生了非集中化和多样化的格局。(ibid., p.311)

经济活动从工业最盛期全然强调硬件转向强调信息、软件和学习：

> 造成劳动力从产业界退出来的同一自动化过程，使学习本身成为一种

主要的生产和消费。(ibid., p.311)

就像电力信息占有类似于口头传统栖居的声学空间一样,麦克卢汉发现,电力信息时代和前文字的口语文化时代之间也有类似之处:

我们从探索洞穴画的各种空间入手,就更容易阐明这样一个概念:前文字文化和后文字文化有类似之处。在原始人生活的世界里,一切知识和技能都可以同时被群体的一切成员获取。当代人创造了的信息环境用无所不包的体验去拥抱一切技术和文化。(McLuhan and Parker 1968, p.6)

第九节　感知对观念

感知和观念是麦克卢汉所作的一个重要的区分。我们稍早前曾接触的一条引语揭示:"技术的作用不发生在意见或观念的层次,但是会毫无阻力地稳步改变感知比率或感知模式。"(McLuhan 1964, p.18)

感官接收来自环境的刺激,感知由此而生,然而,观念来自个人内心,在思考中生发,用语词表达,如麦克卢汉的一段话所示:"视觉人的手势并非意在传达可以用语词表达的观念。"(McLuhan 1953b, p.122)

观念是用语词表达的,感知是靠感官体悟的。在 1973 年 12 月 20 日致威廉·温姆萨特①的信里,麦克卢汉透露,他主要关心的是感知而不是观念。

伊尼斯径直考问一切革新——人们的反应、满意情况、态度和观点的改变等。这就需要研究感知而不是观念,这个问题令多数人感到讨厌,但经过新批评训练的人很容易理解。(http://muir. massey. ac. nz /bitstream /handle/10179/778/2whole.pdf? sequenc e=1)

在此前很早的 1951 年 3 月 14 日致哈罗德·伊尼斯的信中,他对类似的情感表达了共鸣:

从艺术家的观点来看,艺术的追求不再是传递理性上有条理的思想感情,而是直接参与去体验。无论在报界、广告业还是在高雅艺术中,现代传播的整个趋势是走向过程的参与,而不是对观念的领悟。这场和技术密切相关的大革命,其结果还没有人研究,虽然已经有人感觉到了。(Molinaro, McLuhan, C. & Toye 1987, p.221)

事实上,麦克卢汉 1951 年已开始研究这些结果了,而且终生从事这样的研

① 威廉·温姆萨特(William Wimsatt, 1907—1975),耶鲁大学英语教授,研究 19 世纪文学的著名学者,著有《约翰逊博士散文的风格》《文学批评简史》《蒲柏画像》等。

究。他相信,通向理解的道路是感知,而不是观念,麦克卢汉下面这段话揭示了这个道理。

> 罗伯特·奥本海默①喜欢说:"在路边上玩耍的孩子里,就人有能够解决我在物理学中遇到的最艰难的问题,早在40年前我就已经失去了他们具备的感知模式。"他说这句话时意识到,大多数科学问题不是观念问题,而是感知问题,而大多数科学学家都被堵在他们的感知和成见里。(McLuhan, M., S. McLuhan and Staines 2003, p.84)

当他开始研究"媒介定律"时,他就非常相信感知和观念的分割。

> 视觉空间的形态结构受到全方位的抑制(通过下意识的方式内化)以保证其抽象的静态一致性。当看得见的字母不再作为"思维的对象"做功时,字母同样变成了(被压抑的和阈下的)去掉观念的感知。字母表对读者的关联效应是分裂感知和观念,赋予观念一种类似的依存关系,使观念成为没有意识基础的躯壳。(M. McLuhan and E. McLuhan 1988, p.15)

解说麦克卢汉的其他观点前,我想谈谈麦克卢汉对感知和观念的区分如何影响我对语言起源问题的研究。

在《人类思想的起源》里,默林·唐纳德②指出,口语起源之前,原始人通过基于感知的模仿语言交流,即通过面部表情、手势、肢体语言和没有言语的声音或韵律。唐纳德称,这是一种出色的交流系统,并指出这是一座认知实验室,口头语言就是在这里兴起的。我问这样一个问题,如果模仿式交流是非常好的交流系统,口语为何兴起呢。我相信,答案与原人生活复杂性的增加联系在一起。他们制造工具、学习控制火,在大家庭、家族的群体里生活,而不是在核心家庭里生活,以利用家庭生活的优势。大群体里的生活需要社会智能或情感智能的发展。

鉴于原人生活条件的复杂性,也鉴于新的秩序水平会在混乱情况下出现,我相信,口语应运而生,语词作为一种概念起作用,代表着和语词相联系的一切感知。比如,使用"水"一词使人想到与喝水相联系的一切感知,想到与洗涤、烧煮有关的一切感知,还使人想到降水和我们在江河湖泊海洋里发现的水的感知。口语可以化为概念,因此可以做规划设计,这是人类独有的特征,任何非人的动物都不具备这样的特征。

---

① 奥本海默(Robert Oppenheimer, 1904—1967),美国物理学家,第二次世界大战中第一批原子弹"曼哈顿计划"的负责人之一。

② 默林·唐纳德(Merlin Donald, 1939—),加拿大心理学家、认知神经科学家,著有《人类思想的起源:三个阶段》《人类意识的演化》等。

我认为，模仿式交流向口语交流的过渡代表着从原人向智人的过渡，是从基于感知的思维向基于观念的思维的过渡，于是，作为感知处理器的大脑就向能形成观念和计划的人脑过渡了。在《心灵的延伸——语言、心灵和文化的滥觞》（*The Extended Mind: The Emergence of Language, the Human Mind and Culture*, Logan 2007）一书里，我描绘了这进化的一幕。我提出了语言和心灵起源的模型，虽然这与我读默林·唐纳德的书有关系，与我了解突显理论（emergence theory）和混沌理论（chaos theory）有关系，但我相信，这与我和麦克卢汉的交往也有关系，我受到他直接的影响。提出这个模式以后，我才意识到，我用感知和观念这两个词的表述直接来自麦克卢汉的影响，不过，那是浑然不觉的影响。

第十节　冷媒介和热媒介

在《理解媒介》里，麦克卢汉（1964）尝试理解电视和电影这两种视觉媒介的差异，他提出冷媒介和热媒介的概念。

> 热媒介只延伸一种感觉，具有“高清晰度”。“高清晰度是充满数据的状态……因此，热媒介要求的参与度低；冷媒介要求的参与度高，要求接受者完成的信息多。”（ibid., p.36）

麦克卢汉提供了很多冷热媒介的例子。广播和电影是热的，电话和电视是冷的。表意文字是冷的，拼音文字，特别是印刷品是热的。讲课和书本是热的，研讨班和对话是冷的。他宣称，电力媒介大体上是冷的，文字媒介是热的。

许多写书的人包括本书作者并不认为冷热媒介这个范畴是麦克卢汉最成功的概念。他的儿子埃里克·麦克卢汉在私人电邮中披露，《理解媒介》出版以后，他的父亲对冷和热这对术语并不是很满意。不过，既然这对术语贯穿麦克卢汉的著作，我认为描绘麦克卢汉使用它们的意义还是有用的。

第十一节　地球村

麦克卢汉有关传播的历史概述有一个关键的元素：以光速运动的电力信息创造新的传播范式和社会互动。他将其描绘为“瞬时内爆”，内爆使印刷时代的分割肢解发生逆转，使地球紧缩到村落的规模，在此，“电力媒介使我们介入彼此的生活，结果是，人人生活在彼此极端邻近的状态中（McLuhan 1964, p.35）”。电力媒介尤其互联网和电视瞬间从地球的四面八方带来信息，给远方的事件赋予个人的维度，使这些事件仿佛发生在我们本地的社区。地球各地的社区缠绕在彼此的事务中。电力媒介尤其数字媒介对空间的驾驭使地球缩小到村子的维度——“地球村”。互联网实际上就是地球村的一个例子。

“地球村”一词深深地嵌入英语,人们熟知它胜过麦克卢汉的大名。另一点有趣的是,“全球化”一词的首次使用是在1959年,比麦克卢汉首创“地球村”这个词早一年。更早前的第一本著作《机器新娘》(1951a, p.3)里,他就提出了类似于“地球村”的表述:“量子论和相对论物理学不是一时的流行,它们提供新有关世界的新事实,给予我们新的解读方式、新的洞察力,使我们了解宇宙的结构。实事求是地说,这两种理论说明:从今以后,这个行星已经结为一个城市。”1953年他在对伊尼斯的研究中推出了一个理论,他写道:“今天,我们把空间传播推进到极限,创造了一个民族和文化的地球熔炉,唯有把世界融为一个城市,这个熔炉才会终结。”(McLuhan 1953a, p.391)

再举一例,在伊尼斯的影响下,麦克卢汉在1959的一次讲演中表达了与地球村概念类似的思想(McLuhan 1999, pp.42-43)。

> 凭借书写的、可传输的交流,你就可以在最遥远的地方设置前哨站,你就能在西班牙、非洲和希腊拥有同样的组织范式——同时在各地拥有同样的组织范式。但你不能在口语传播里拥有这样的范式。听觉结构只能到达你能听见的范围,这就是村子大院的规模——直到话筒来临,你才能立即听见任何一个地方的声音,于是,各地就结成了一个村子。

一般人对地球村是这样看的:大体上是正面的发展。记者问麦克卢汉,地球村里的人是否会更善于合作时,麦克卢汉回答说,情况可能刚好相反。“人们生活的距离缩短之后,会变得越来越野蛮,相互间会失去耐心。地球村里充满着艰难的界面和摩擦的情景。”(McLuhan, McLuhan, Staines 2003, p.265)

第十二节　麦克卢汉的精炼警语

麦克卢汉喜欢妙语趣话或警句,因为他相信,电力信息造成信息超载时,唯有警语能使人全神贯注。尽管这样说有点牵强,但我还是要说,由于他倡导警语,他为推特的创意做了铺垫,预示了这样一个想法:我们只有时间应对简明扼要的讯息。他对俏皮话的使用使他的文风富有挑战性,造成了一些误解。在以下几节里,我将解说他的一些警句,做一点澄清。

上文业已提及,外形/背景分析法对解析歧义很有帮助。如果你通读他的著作,你就会发现,在许多情况下,他实际上消解了这些警句的晦涩之处,但这并没有使他摆脱困境,因为他的文风神秘。正如我在上文所言,我不为他辩护。然而,由于他给予我们的太多,我还是主张不要苛求。我唯一的愿望就是澄清一些误解,让我们从最著名的一句开始吧——媒介即讯息。

第十三节 媒介即讯息

任何媒介或技术的“讯息”就是由它引入的人间事务的尺度、速度或模式的变化。(McLuhan 1964, p.8)

社会更大程度上总是由人交流所用媒介的性质形塑的,而不是由传播的内容塑造的。(McLuhan 1967b)

“媒介即讯息”是20世纪最有用的隽语之一。——Norman Mailer (1988, p.117)

这个警句不止一层意思。第一层意思传递的观点是:媒介对我们的感知产生内在的影响,这是媒介特有的讯息,它与内容或有意传达的意思无关。“媒介研究的最新方法考虑的不仅仅是‘内容’,而且还要考虑媒介及其赖以运转的文化母体。”(McLuhan 1964, 11)媒介讯息是它为自己传输的任何内容生成的背景,讯息和内容无关。可见,媒介实际上传输两条讯息:一是外形或内容,二是背景,即它为内容生成的背景。“媒介即讯息”是一个经典的例子,麦克卢汉借此把外形/背景的关系颠倒过来,他把焦点放在背景上而不是外形上。

“媒介即讯息”的另一层意思是:媒介转换其内容。电视机播放的电影或戏剧对观者的影响和它在电影院或剧场产生的影响是不一样的。连手机上的交谈与固定电话上的交谈都不一样——内容相同,效果不一样,因而讯息不一样。最后的第三层意思是麦克卢汉本人提出的:“任何一种新技术都产生一种新环境。”

亚历克斯·库斯基斯读过本书第一章的初稿后,在给我的邮件中写了这样一段话:

任何媒介的讯息都不是其承载的内容,而是它在世界上引起的变革的总和,由此改变世界。比如,汽车的讯息代表了支持汽车的基础建设的总和:汽车工业、高速公路、石油工业、加油站等,以及由此产生的污染、塞车和车祸引起的死亡——由汽车带来的变化的总和。

“汽车是在汽车服务设施背景上的外形”(McLuhan, McLuhan, Staines 2003, p.242)和效应,汽车的讯息是汽车服务设施和效应的背景。

在1964年致巴克敏斯特·富勒的信里,麦克卢汉写道:“任何新技术都创造一个新环境。这个表述好,胜过说媒介即是讯息。新环境的内容往往是旧环境。新技术使内容发生很大的变化。”

麦克卢汉(1969)在《〈花花公子〉访谈录》里为这句正面的警语提供了另一种解释:

> 我们把重点全放在内容上,一点不重视媒介,因此我们失去了一切机会去觉察和影响新技术对人的冲击。因此,在新媒介诱发的革命性的环境变化中,我们总是瞠目结舌、措手不及。新媒介产生的新的体验方式在使用者身上发生,无论媒介的内容是什么。

1977年接受皮埃尔·巴宾访谈时,麦克卢汉把"媒介即讯息"的概念与大脑两半球的理论联系起来。

> 我起初说"媒介即讯息"时,并不知道格式塔理论,也尚未发现大脑两半球的意义。举一个简单的例子,如果你说汽车是一种媒介,那你并没有更进一步,因为汽车只不过是脱离其服务环境的一种外形,它的服务环境包括高速公路、石油公司、汽车装配线等。以汽车为例,真正的媒介是它生成的全部服务环境,更准确地说,是它生成人的社区。汽车这个外形并不是讯息……
>
> 真正的讯息是媒介要求的服务和缺乏服务产生的间接作用。它们是媒介在使用者(形式因)生活中引起的社会和心理变化。(McLuhan 1999, pp. 100 & 102)

在某种意义上,麦克卢汉这个警句是对香农①-韦弗②信息论的批判,他们把信息界定为消除了噪音的讯息内容,发送者通过信道把信息发送给接收者,不考虑信道的效应。麦克卢汉说:"他们称之为'噪音',我则称之为讯息——即一切边际效应,一切无意为之的模式和变化。"

对这个警句另一个著名的误解只适用于传播媒介。实际上,麦克卢汉把传播工具和技术都视为媒介。对他而言,凡是在人与环境互动、人与人互动中起中介作用的任何东西都是媒介。因此他把人体延伸的一切工具都视为媒介。"媒介可以被视为我们感知存在的一切人为的延伸。"(McLuhan 1955)

言语、文字、印刷机和计算机与手斧、铁锤、汽车和飞船包括硬件和软件全都被麦克卢汉揉在一起。他相信,"既然一切媒介都是我们自己的延伸,是我们的部分机能向各种物质材料的转换,所以任何一种媒介的研究都有助于所有其他媒介的研究"(McLuhan 1964, p.139)。既然如此,麦克卢汉把传播媒介和其他

---

① 克劳德·香农(Claude Elwood Shannon, 1916—2001),美国应用数学家、美国科学院院士、美国工程院院士,长期供职于贝尔实验室、麻省理工学院,首创信息论(1948),提出信息熵的概念,著有《通讯的数学理论》《理论遗传学的代数学》等。

② 沃伦·韦弗(Warren Weaver),美国科学家,与香农合著《通讯的数学理论》。

工具都放在单一的媒介范畴里来分析。鉴于所有的工具构成一个生态系统，所以一切工具都必须要用媒介生态的观点来研究，因为内容分析并没有包含媒介的一切互动，没有包含它们在我们所谓的媒介域（mediasphere）或媒介生态系统里的互动。

布鲁斯·鲍威尔斯指出，"媒介即讯息"被误解的主要原因是，其意义被人在字面上直接指明了①（Bruce Powers 1981, p.189）：

> 探索是一个语义楔子，把僵死的思维过程撬开。试举一例："媒介即讯息"。马歇尔真不希望人们死抠字面意思。但他知道，多数人体验的媒介无论是报纸、广播电视或电影，都把注意力集中在内容上。他迫使人聚焦于媒介的形式，使他们把注意力转移到心理的层次。在这一过程中，人们意识到，只考虑内容就像只看见形式一样，是大错特错的。

第十四节　使用者是内容

如果从字面上直解，"使用者是内容"没有意义。然而，如果你考虑，每一个读者或观者都把自己的体验和理解带进媒介，并根据自己的需要和能力去改变媒介的内容，这个警句就有意义了。这可能是最早的后现代警句之一。麦克卢汉的天才在于，用一句五个词的隽语就能表达一个后现代理论家长篇大论才能表达的情感。

以今天的数字媒介来看，"使用者是内容"的另一种诠释是，使用者通过奉献他们的意见和建议，创造媒介的内容，以此弥合生产者和消费者的鸿沟。

我们在第一章业已提及，麦克卢汉写作的目的不是为了阐述，而是为了个人探索。他倚重"使用者是内容"的概念，其目的是让读者发现他们自身在他作品里的意义。他写作的目的不是给读者提供信息，而是激发读者去思考并获得自己的发现。

> 一个主要的误解是我的"风格"，在吸引人的注意方面，这是一种非常好的风格。至于读者是否能够理解，那完全要看读者自己。使用者总是内容。（Molinaro, McLuhan, C, and Toye 1987, p.505）

---

①　昆田·费奥拉（Quentin Fiore）、加希林·哈钦（Kathryn Hutchon）、罗伯特·洛根（Robert Logan）、埃里克·麦克卢汉（Eric McLuhan）、巴林顿·内维特（Barrington Nevitt）、哈里·帕克（Harley Parker）、布鲁斯·鲍威尔斯（Bruce Powers）、威尔弗雷德·华生（Wilfred Watson）。这个名单仅限于和他合作写书的人。追随多伦多传播学派传统的还有许多人，请见我在"谢辞"里列举的同事。

“使用者是内容”传达的思想的又一个例证是麦克卢汉把重点颠倒过来，从外形或内容转向背景或使用者了。

在本小节结束之前，让我介绍他的学生赫尔佳·哈巴菲尔那的一个研究项目。她是电影制片人和摄制者，拍儿童电影。她把原始胶片给孩子们，让他们创作自己的故事，以此方式将他们自己的元素带进原始胶片。这个项目引导我提出以下设想。

“使用者是内容”不仅如麦克卢汉所说的那样，而且“使用者”还带来或创作信息内容，赋予意义。信息不具有独立于使用者的固有意义。在香农-韦弗的信息论模式里，有发送者、信道和接收者构成的模式传递这样一个概念：信息是接收者减去无把握内容的结果，这个模式严重不足。《牛津英语词典》收录的英语词“information”1386年首次见于乔叟①笔端，该词源于拉丁语，通过法语进入英语，由动词inform（意为：给思想赋予形式）加“ation”，用作名词。这词最早的释义指的是“思想的训练或形塑”。如果我们考虑，“information”含有思想形成的概念，那么，接收者头脑获取的信息就取决于他追加在发送者信号上的意义。香农所谓的信息只不过是比特，但比特并不给头脑注入意义，给头脑注入意义的是比特的意义。香农描绘信息的两个比特（0和1）或alpha-bits（字母）用于考虑信号与噪音的比率，那是不错的，但他这样的描写没有说如何给头脑提供信息。真的，香农的信息论只不过是“信号论”。没有意义的信号不是信息，只不过是连串的比特而已。信息是信号加意义，提供意义的是使用者，因此，麦克卢汉说，使用者是内容。还有一种意义是发送者有意传达的意义，但他的意义常常和接收者理解的信息相去甚远。

第十五节 “过时”绝不意味着任何事物的终结，“过时”仅仅是开始

“凡运转者，皆已过时。”——McLuhan (1964, p.27)

本小节的题名摘自麦克卢汉1970年2月20日致弗兰克·希德②的信(Molinaro, McLuhan, C. & Toye 1987, p.380)。当他论及电视使文本和书本过时的时候，许多人从字面上直解他的意思，这封信的全文显示，这并非是他要表达的意思。

① 乔叟(Geoffrey Chaucer, 1340—1400)，英国诗人，英国文学奠基人、诗歌之父，著有《特洛伊拉斯和克莱希德》《公爵夫人之书》《坎特伯雷故事集》等杰作。

② 弗兰克·希德(Frank Sheed, 1897—1981)，澳大利亚出版商。

马歇尔·麦克卢汉从未说过，印刷物已走到终点。他说，书本业已过时，手书也已过时。但今天人们用手书写的东西比谷登堡之前多得多。所谓过时绝不意味着任何事物的终结，那只不过是另一事物的萌芽。

麦克卢汉说电力媒介使印刷媒介过时，捍卫书籍的人指出，统计数字显示，图书销量和新图书数量都在增加。他们争辩说，书籍并未过时，而且活得很好。这些批评者未能把握的是，电力信息压制印刷媒介，成了传播信息的主要形式；信息消费者在广播、电视和电脑等电力媒介上花费的时间大大超过了读书的时间。他们也没考虑，印刷物的生产也越来越受电子通讯、处理和信息贮存的影响。当文字使口头表达传统过时，人们并不突然停止交谈。每当想要信息被永久性记录或远距离传播时，文字还是压倒了口头语。一种技术或媒介过时后，它并不消失；它会继续存在，但不再主导它曾经提升的人的功能。

图书也有回归的势头，不过，那是以一种新形式即电子书的形式回归。由于电子书的新形式很方便，电子书的读者报告，他们读的书更多了。

回应批评者时，麦克卢汉澄清，他所谓书籍过时是什么意思：

文化潮流走向口语和听觉媒介，若认为其意思是书本即将过时，那就不对了。相反，这个趋势意味着，作为文化形式的书籍失去了垄断地位，它将扮演新的角色。似乎没有人懂，为何纸书在20世纪30年代失败，在50年代反而成功了。但这是事实，一方面，大概这和电视有关系，另一方面是密纹唱片的到来。(McLuhan 1969, p.98)

批评麦克卢汉的人常常把他原创性的话断章取义，按照字面意思去理解——大错特错了。

“书籍已过时。”麦克卢汉说这句话的意思是：广播电视接过主要媒介的角色，人们用广播电视获取信息更多，超过了靠阅读图书和其他印刷品获取的信息。同理，印刷媒介使手写书过时，但用手写交流的形式并没有被完全消灭，手写形式较之于印刷品只不过退居第二位，主要用于个人通信或记笔记了。

因为麦克卢汉说书籍快要过时，许多人就断言，他反书籍，亲电力媒介。事实正好相反。他试图警告我们，电力媒介是新的现实，我们必须要调整工作，学会应对新的现实。他真正喜欢的是书面文化，而不是电力文化，他1964年6月15日致罗伯特·拉瑟尔(Robert Russel)的信清楚地显示了他的意思。

我不反对书籍，也不反对线性思维。如果说我有正常和自然的偏好，那么我的偏好就是文字世界的价值。但是，在电子时代里，印刷文化的偏向使我们无能为力、效率低下。因此，我强烈地倾向于培养与我们的处境相关的多种感知力。(Molinaro, McLuhan, C. & Toye 1987, p.302)

一种技术或媒介被一种较新的技术或媒介取代,它过时了,但它不会消失。相反,它常常成为一种艺术形式或怀旧的源头。古董、手工制作的器皿成为艺术形式就说明了这个道理。在超级市场和华丽包装的时代,农夫的市场成为强烈怀旧的源头和旅游资源。蒸汽机车曾经是机械威力的象征,如今成了艺术品、怀旧的焦点。虽然大多数录制音乐已数字化,但模拟式维尼纶唱片还是很活跃,实际上还在东山再起,因为有人说它的音色更温暖。和光盘相比,维尼纶唱片被视为艺术形式。唱盘主义用刮擦和敲打的技艺,用一片圆膜创造出新的声音,成就了一种艺术形式。起初,被严肃音乐作曲家约翰·凯奇使用的一种艺术形式,如今它是嘻哈必不可少的元素。

第十六节　任何新媒介的内容都是另一种早前的媒介

当一种技术或媒介出现时,“旧形式被赋予新用途并发挥新的作用”(McLuhan, McLuhan, Staines 2003, p.35)。同样,你“会意识到旧媒介的基本特征的存在。但当只有这些旧媒介时,你没有这样的意识”(ibid.)。关于新旧媒介的关系,麦克卢汉另一个重要的概念是:起初,新媒介把旧媒介作为内容。

“电报的内容是印刷,印刷的内容是文字,文字的内容是言语,言语的内容是思想。”(McLuhan 1964, p.8)一种媒介初现时,使用者把旧媒介的内容用作自己的内容。稍后,获得使用新媒介的经验后,新的表达形式就开始露头,新媒介的新特点会被挖掘。

首批以书面形式出现的文学是口头材料的记录稿,比如荷马的《伊利亚特》、希伯来语的《圣经》和印度的《吠陀经》。后来,作家才养成散文风格,那是为书面媒介创作的风格。电视也形成类似的模式。电影和歌舞杂耍表演是电视的首批内容。后来,洛万和马丁的“捧腹大笑”①或“二线城市电视”的喜剧才形成专为发挥电视优势的节目。

第十七节　人 的 延 伸

麦克卢汉(1964)在《理解媒介——论人的延伸》里提出一个假设:因为我

① 洛万和马丁的《与我笑》(*Rowan and Martin Laugh-In*),美国全国广播公司的电视娱乐节目,集杂耍、喜剧和谈话为一体,在 1968 到 1970 年的电视节目中独占鳌头。主要艺人是丹·洛万(Dan Rowan)和迪克·马丁(Dick Martin)。

们的技术和媒介提升我们的功能，所以它们可以被视为我们的延伸。机械工具是我们肢体的延伸，传播媒介成为我们心灵的延伸。铁锤是拳头的延伸，刀子是牙齿的延伸，文字是记忆的延伸，电力媒介是我们中枢神经系统的延伸。

> 我们正在迅速逼近人类延伸的最后一个阶段——从技术上意识的模拟。这个阶段，创造性的认识过程将会在群体中和在总体上得到延伸，并进入人类社会的一切领域，正像我们的感觉器官和神经系统凭借各种媒介已得以延伸一样。(ibid., p.3)

校对这本书的手稿再一次读到以上引语时，我顿然意识到，麦克卢汉这段文字基本上是互联网的预示。

第十八节　我们成为技术的伺服机制

"我们观看、使用或感知任何技术形式对我们的延伸时，必然会拥抱它。由于不断拥抱各种技术，我们成了技术的伺服机制。"(McLuhan 1964, p.46)

起初，技术的功能是人类的延伸，为人类的眼前需求服务，但不知不觉间，我们的技术逐渐改变我们的环境，我们成为技术的奴仆或伺服机制。请考虑汽车如何改变了我们的自然风景，特别在北美，建起郊区和大型购物中心。近年，由于汽车文化造成的社区组织的缺位，使得这种都市机构形式出现了反冲，北美许多城市出现向市中心回流的运动。欧洲的许多城市禁行汽车，取而代之的是步行购物区或步行街。

我们的技术正在接管我们的生活方式，有一个表达这个观点的话被归结到了麦克卢汉头上，人们说他常在会话中这样说。实际上，这是约翰·卡尔金①(1967b)说的话："我们变成我们关注的对象。我们塑造了我们的工具，工具又反过来塑造我们。"事实上，这一思想在亨利·戴维·梭罗②在更早时候的《瓦尔登湖》著作中就有表述："瞧！人成为工具的工具。"麦克卢汉借用了卡尔金和梭罗的思想。

麦克卢汉认为，艺术家是我们成为技术的伺服机制的解毒剂。"艺术家创作有冲击力的新形象来干扰我们的感知，通过调正以防止我们成为自身环境伺

---

① 约翰·卡尔金(John Culkin, 1928—1993)，美国传播学家、耶稣会士、批评家、教育家，先后在福德姆大学、社会研究新学院执教，创建媒介研究教学系和理解媒介研究中心，1967年从州政府争取到专项经费延聘麦克卢汉任"施瓦泽讲座教授"，著有《媒体实践论》等。

② 亨利·戴维·梭罗(Henry David Thoreau, 1817—1862)，美国著名思想家、文学家，远离尘嚣、结庐而居，著有《论公民的不服从》《瓦尔登湖》等。

服机制的危险发生。”(McLuhan, McLuhan, Staines 2003, p.223)

第十九节　后视镜:作为媒介研究实验室的历史

“我们通过看后视镜驶入未来。”麦克卢汉觉得,理解历史是理解未来和新技术冲击的必要条件。他常用后视镜这个暗喻,据此,我们就能判定哪些东西会从我们的过去“超车”跑到前面。在1969年著名的《〈花花公子〉访谈录》里,他阐述了后视镜的观点。

> 大多数人还紧抱着我所谓的后视镜的观点看世界。我的意思是说,由于环境变化在改革初期的难看清,人只能有意识地看到这个新环境之前的旧环境。换句话说,只有当一种环境被新环境取代时才会清晰可见。因此,我们看世界的观点总是要落后一步。我们对新技术麻木不仁,它转而创造了一种全新的环境,而我们往往使旧环境更加清晰可见。我们这么做,那是因为我们把它变成了一种艺术形式,是因为我们使自己从属于体现它特征的物体和氛围。

麦克卢汉以他的方式洞察未来,即聚焦于新媒介形成的环境,他能理解新媒介产生的驱动力。由于他理解新媒介创造的新环境,他就能预见新环境的结果。

我认为,把麦克卢汉奉为先师圣贤的计算机专家共同体,直接或潜移默化地学到了麦克卢汉的技艺。结果是,自1994年起,随着互联网问世,我们经历了人类有史以来新工具最快速的发展阶段。无疑,其他因素也在起作用,但我相信,我们从来没有像今天这样好地理解新技术创造的新环境。我认为,部分原因是我们采用了麦克卢汉的技艺:聚焦于背景而不是外形,而且聚焦于结果而不是原因、环境而不是媒介本身、过程而不是事物。他改变了我们感知技术和媒介的方式。在第五章我将介绍他对数字媒介演化的预见。

麦克卢汉能辨识大众电力媒介对印刷世界进行的结构重组和外形重构。他当然也能预见数字媒介对我们熟知的大众电力媒介进行的结构重组和外形重构。我们曾经对电力媒介带来的变化很麻木,今天,我们对数字媒介带来的变化不再那么麻木了。这有两个原因:

第一,麦克卢汉使我们知道,新媒介的到来改变了教育、商务、治理和社会互动整个世界。

第二,数字媒介带来的变化,大到我们难以忽略,再不会像我们对大众电力媒介带来的变化那样视而不见了。

第二十节　相 互 作 用

我们业已接触麦克卢汉"游戏"(play)和"相互作用"(interplay)的概念,这是他重要的概念。感官的通感或相互作用是麦克卢汉用来分析媒介效应的关键概念。他指出,在口语传播时代里,所有的感官都相互作用。这样的互动被文字传播打断,印刷机的到来尤其打断感官的互动。"在接触性的通感中,感官被剥离,感官的互动被打断,这可能是谷登堡技术的效应之一。"(McLuhan 1962, p.17)用上电力技术以后,我们回归感官的充分互动,那样的互动曾经是口语时代的典型特征。"与电视同时来临的,是触觉的延伸,或者说感官的相互作用的延伸,感官的相互作用更加直接地涉及整个的感知系统。"(McLuhan 1964, p.233)

在试图理解媒介的过程中,麦克卢汉始终采用相互作用的概念。对他而言,媒介生态只不过是媒介的相互作用,下一章我们就接着讲这个问题。

第三章

麦克卢汉与科学

第一章研究了麦克卢汉的“探索”法，我所建议的这种探索法为科学家研究他们的假设铺平了路。本章将进一步考察麦克卢汉与科学的关系。麦克卢汉痴迷于科学技术。少年时麦克卢汉先后组装过晶体管收音机和真空管收音机。上曼尼托巴大学时是一位工程学学生，一年后才转去通识的文理专业。评价自己的本科学业时，他说：“我用我念工程之道，转入英语文学。”但麦克卢汉终生对科学技术感兴趣。他对现代物理学的兴趣(1962 & 1964)见于《谷登堡星汉》和《理解媒介》里。

他从事研究的方法论与科学方法相向。上文业已提及，他不从理论入手，而是用探索的形式进行观察并提出假设。他探索的结果从观察模式里生成，与自然科学家从自己的观察模式里提出规律采用同样的方式。其他媒介的学者也可以宣称，他们观察媒介，但麦克卢汉的观察与他们的观察有所不同。他不专注于媒介的内容例如他们传递的信息，相反，他研究媒介效应，研究媒介如何改变人的行为。他研究人们何地、何时、为何使用某一种媒介，研究旧媒介哪些方面被新媒介取代，研究旧媒介如何成为新媒介的内容。他不接受线性顺序式的原因和后果安排，而是用因果相互作用的手法，预示了复杂理论的产生。如他所言，“我从结果着手，追溯原因。”

麦克卢汉对因果关系感兴趣，进而寻找现象的原因。正如1971年1月19日致艾蒂安·吉尔松①(Etienne Gilson)的信里所示：

> 在尝试理解媒介的过程中，我发现，即使态度友好的读者和批评家也普遍感到反感，他们对任何发现环境对人和社会影响的尝试都不喜欢。(Molinaro, McLuhan, C. & Toye 1987, p.420)

麦克卢汉终身对科学深感兴趣。对此我有第一手资料，他提出要见我，原因是我开的一门课《物理学的诗学》。从我与他相会到他去世为止，我担任他的科学顾问(是麦克卢汉对我做他助手的称呼，Marchand's 1989, p.244)。他熟悉许

---

① 艾蒂安·吉尔松(Etienne Gilson, 1884—1978)，多伦多大学教授，创办中世纪研究所，自任所长，著有《本质与存在》。

多科学领域，包括我自己的物理学。当我与他讨论量子力学时，发现他有这一手。我吃惊地发现，他对这个领域的理解是多么的精辟。他很清楚尼尔斯·玻尔①和爱因斯坦的争论，玻尔接受不确定性原理和缺乏因果关系性的理论，因为这是最优秀的物理学家描绘原子和亚原子粒子所能达到的境界。爱因斯坦宣称，量子力学是不完全理论，有失踪或隐蔽的变数，他有一个著名的说法：上帝不掷骰子。麦克卢汉还知道量子物理学一些更深奥的方面，这些方面就连我的一些物理学同事也是缺失的。

我发现他对现代物理学有非同寻常的了解，真奇怪。他写道：

> 薛定谔解释说，他和同仁达成一致意见，用牛顿物理学的语言来报告他们在量子物理学领域的发现和实验。这就是说，他们同意用牛顿视觉世界的语言来讨论和报告非视觉的电子世界。(McLuhan, E. and Zingrone 1995, p.282)

麦克卢汉对量子力学的描述很正确。我初次听到这个观点是在麻省理工学院，我的老师斯坦尼斯劳·奥尔波特(Stanislaw Olbert)教授说，他的观察认为量子力学不得不用经典力学或牛顿物理学的概念(即语言)来表达，太奇怪。麦克卢汉(1953b, p.122)还把技术发展和科学进步联系起来，“归根结底，中世纪的时钟使牛顿物理学成为可能”。

多伦多大学工业工程教授、麦克卢汉的同事阿瑟·波特和麦克卢汉谈起他研究的信息论领域，他与我有类似的反应。有人转述波特的话说：“他下了一些论断后，我心里想，真奇怪。他竟然懂信息论。一位英语教授怎么可能懂信息论——这种高度数学化和技术化的理论？”(Marchand 1989, p.141)

麦克卢汉对现代物理学感兴趣，部分原因是因为他看到了其与量子力学之间的关联及产生的共鸣。他在这方面的表述参照了海森伯②和泡令③的思想。

> 今天，在量子力学的时代，海森伯、泡令等人认为，“化学键”是一种“共鸣”。因此恢复对语言的“魔幻”态度……自海森伯和泡令以后，惟一的物质纽带就是共鸣了。欧几里德式的视觉空间连续体在物质世界中是看不到的。机械模式里的“粒子”之间是没有联系的。相反，范围宽广的共鸣强度

---

① 尼尔斯·玻尔(Niels Henrik David Bohr, 1885—1962)，丹麦人，量子物理学家，诺贝尔奖得主。

② 沃纳·海森伯(Werner Karl Heisenberg, 1901—1976)，德国物理学家、哲学家和社会活动家，量子力学的创始人之一，提出著名的“测不准原理”。

③ 莱纳斯·卡尔·泡令(Linus Carl Pauling, 1901—1994)，美国化学家、量子化学和结构生物学先驱者之一。1954年因在化学键方面的工作获得诺贝尔化学奖，1962年因反对核弹在地面测试的行动获得诺贝尔和平奖。

却是存在的，这些东西构成范围同样宽广的“听觉”空间。(McLuhan, E. and Zingrone 1995, pp.323 & 364)

麦克卢汉还以爱因斯坦相对论取代牛顿物理学为例，借以理解我们电力技术形构的环境。“平衡态是继承自牛顿的原理。但在光速条件下，在经济学、物理学中，在教会或任何其他领域，平衡是不可能的。”(McLuhan 1999, p.46)

在1973年2月9日致芭芭拉·沃德(Barbara Ward)的信里，他谈到相对论和量子力学。

电速大致相当于光速，这构成了一个基本上是声觉结构的信息环境。以光的速度运行时，信息同时来自四面八方，构成听觉结构，换句话说，电力信息的讯息或作用是声觉的。即使登在报上的，同一日期来自于世界各地的马赛克信息，都是声觉的。很久以前的象征派，本世纪的叶芝①、乔伊斯②、庞德和艾略特，都耗尽毕生精力研究声觉空间中共鸣间隙的审美之道。同样的共鸣间隙(resonance interval)已经成为当代量子力学的基础。

在与巴林顿·内维特(Barrington Nevitt)合著的《把握今天：自动出局的行政总管》(*Take Today: The Executive as Dropout*)一书里，他又回到这个主题(McLuhan and Nevitt 1972)：“发现来自于量子力学的‘共鸣间隙’而不是来自于理性系统论的视觉联系。”

麦克卢汉(1974, pp.94-95 & 98)在研究培根③的文章里，再次述及量子力学和共鸣间隙的相似性对他的口语传播和电力传播理论的重要意义。

我认为，培根的系统的研究路径源自于对《自然与圣经》一书的多层级的解释。古语法各层级的同时性和20世纪量子力学异曲同工，量子力学关注的是自然界的物理化学纽带，那就是“共鸣间隙”。

麦克卢汉使用“场”“空间”和“共鸣”之类的科学术语来生成暗喻，略加变通，以满足自己的需要去描绘他观察的媒介现象。有些主流派学者批评他扭曲科学术语的原义，我则认为，因为“场”和“共鸣”之类的术语本来就是暗喻，他的借用是完全合理的。物理学的“场”概念源自于农夫在田野的用法，“共鸣”原来的拉丁语本义是再响。正如科学家赋予常用词新意义一样，麦克卢汉赋予科学

---

①　叶芝(William Butler Yeats, 1895—1939)，爱尔兰诗人、剧作家，诺贝尔奖得主，著有《钟楼》《盘旋的楼梯》《心愿之乡》《伯爵夫人凯瑟林》等。

②　詹姆斯·乔伊斯(James Joyce, 1882—1941)，爱尔兰诗人、作家、20世纪最伟大的小说家之一，用意识流手法，著有《尤利西斯》《芬尼根的守灵夜》《都柏林人》《一个青年艺术家的肖像》等。

③　弗朗西斯·培根(Francis Bacon, 1561—1626)，英国散文作、哲学家、政治家，古典经验论始祖，近代实验科学方法鼻祖，著有《论科的价值和发展》《新工具》《学问的进步》等，他的大量散文作品在一般读者中产生了经久不息的影响。

术语新意义，以满足自己的需要。实际上，物理学里的“场”概念经历了演化过程，起初它描绘带电粒子力量的相互作用，后来描绘基本粒子，于是，场本身成了主要的参与者，粒子扮演次要的角色，这与电场的情况刚好相反。

第一节 媒介生态

麦克卢汉对“场”的兴趣我们将在下一章里详谈，他的兴趣延伸到生物学领域，因而他对环境和生态感兴趣，并将其延伸到他对媒介的研究和理解中，最终引向了媒介生态的观念。他的科学兴趣和生态研究来自于一个信念：万物终极归于一。

> 现代物理学、绘画和诗歌用的是同样的语言……学会这一语言，以便让我们的世界拥有概念上的一致性，现实情况有它的延迟性，因为我们缺乏这样的认知，产出的不是新管弦乐和声，而只是噪音。(McLuhan 1953b, p. 126)

麦克卢汉把媒介研究与环境思考进行整合，这可追溯到1955年的一篇文章(McLuhan 1955)，其口吻是：媒介宛若达尔文意义上的物种。他加以引申，将其归为一种媒介生态学，类似于他的生物学暗喻。他的理解是，媒介总是在互动，总是处在变化中。这样的思想在以下文字中表现得很清楚：

> 媒介可以被视为我们感性存在的人为延伸——每一种媒介仿佛都是我们内属感觉的外化物种。感觉形式外化生成的文化环境偏爱一种感官占支配地位，或另一种感官。这些外化的物种通过各种裂变而斗争，拼死适应环境和生存。

他在1962年写过：“任何技术都倾向于创造一种新的人类环境……技术环境不是简单被动的承载人的容器，而是重塑人的积极过程，也是重塑其他技术的积极过程。”

在《理解媒介》里，麦克卢汉(1964)用生态学方式阐述他媒介互动的观念，虽然他从未明确使用“媒介生态”一词。这方面有两条引文比较突出：

> “没有一种媒介具有孤立的意义和存在，任何一种媒介只有在与其他媒介的相互作用中，才能实现自己的意义和存在。”(ibid., p.39)

> “即使把世间的一切保守力量加在一起，也不能对新型电力媒介在生态学上所向披靡的力量构成一种象征性的抗拒。”(ibid., p.179)

在1965年的一篇文章里，麦克卢汉把媒介环境的概念和他“媒介即讯息”的观点联系起来：“环境不仅仅是容器，而且是全然改变内容的过程。”(McLuhan, E, & Zingrone 1995, p.275)

在1967年的书《媒介即按摩》(*The Medium Is the Massage*)里,麦克卢汉和费奥拉(McLuhan and Fiore 1967, pp.26, 41 & 68)写道:

"一切媒介对我们的影响都是完全彻底的。媒介的穿透力极强,无所不在,在个人、政治、经济、审美、心理、道德、伦理和社会各方面都产生影响,我们的所有一切无不被触及、被影响、被改变。媒介即是按摩。不了解作为环境的媒介是怎样工作的,对任何社会文化变革的了解都是不可能的。一切媒介都是人的某种官能——心理或身体官能——的延伸……媒介通过改变环境,唤起我们独特的感知比率……环境不是消极的包装袋,而是积极的过程,能彻底改变我们。它按摩我们的感知比率,将那些无声的假定强加于我们。但环境是无形的。环境的基本规则、弥漫结构和总体模式是感知难以捕捉的。"

他在《逆风》(*Counterblast*, McLuhan 1969, p.36)里论及媒介环境时,首次用上了"生态"一词:

电力时代是生态时代。生态学是整体环境、有机体和人的研究和投射,由于使一切因子的瞬间一致性,使得电速移动通信成为可能。

一年后,麦克卢汉(McLuhan 1970a)再次提到生态学。

对我而言,再清楚不过的是一切媒介都是环境。作为环境,一切媒介都具有以往地理学家、生物学家与环境相关的一切效能……媒介即讯息,因为环境改变了我们的感知,感知管束我们注意和忽略的领域……在新生态时代,对因果关系不感兴趣的现象再也维持不下去了。生态学不追求连接,而是追求模式;它不谋求数量,而是谋求满意和理解。

1972年,他再次回到媒介生态的概念,他写道:"在生态学时代,我们承认任何事物对其他一切事物都有影响,所以说技术对我们心理的影响和社会的影响浑然不觉的可能性不复存在。"(McLuhan, McLuhan, Staines 2003, p.204)

第二节　"媒介生态"一语溯源

"媒介生态"(media ecology)一语的源头是麦克卢汉还是尼尔·波斯曼,这个问题尚有争论。埃里克·麦克卢汉在接受罗利亚诺·拉隆采访时称:"'媒介生态'一语是我在福德姆大学时提出的。我与波斯曼切磋,他立即予以接受。"(http://figureground.ca/interviews/eric-mcluhan)

马克·莱弗里特(Marc Leverette, 2003)却说:

"媒介生态"一语首次被用是1968年在威斯康星州密尔沃基市举办的

全国英语教师研究会年会上。波斯曼在一次主讲发言中启用它，意在建议英语教学的新方向。讲话发表时用了“改革”一语。(Postman “Reformed”, p.161)

另一说也是真的。1971年，尼尔·波斯曼在纽约大学Steinhardt教育学院创建媒介环境学研究生教学计划。我不知道麦克卢汉本人是否在1968年或1971年前用过“媒介生态”一语，但我知道，早在1974年，他就在讲演中说过“an ecology of media”(一种媒介生态学)一语，这个短语稍后经过整理收录进了《麦克卢汉如是说》(*Understanding Me*, p.242, McLuhan, M., S. McLuhan and Staines 2003)。1978年，在我和他合著的《图书馆的未来》里，我们用上了“媒介生态”一语，这本书无从问世，因为他不幸于1980年去世，手稿还留在我的硬盘里，收藏在渥太华的加拿大档案馆。这部手稿开篇有几段确认，早在1978年他就用过“媒介生态”一语。在这部手稿中它出现了两次，与“生态”和“信息生态”同时出现。以下文字是出现“媒介生态”的两个例子：

(1) 媒介会不会把我们文化的基础——书面文化和智力活动排挤出局呢？或者大众媒介的效应仅仅是为大众提供一种娱乐形式，但大众并不参与文化的智力发展呢？有人可能还会问，这些媒介是不是事实上创造了超越过去的文化和创造了更适合当今物质享受情况下的文化？这些问题需要图书馆员、教育工作者和传播业者以及一切相关人士去认真研究，凡是关心保存我们媒介生态文化遗产的人，都要认真研究这些问题。

(2) 图书馆是硬件的丰碑，如今它发现自己处在瞬时信息的新电子时代、软件时代。面对这一挑战，图书馆的回应是走多媒体的道路。它在用录音磁带和磁盘、录像带、电影、音乐会、戏剧、画廊、计算机终端和继续研究中心去反抗。简言之，图书馆是否正在成为媒介生态的中心，不再被图书文化捆住手脚呢？

实际上，我和麦克卢汉40年前提出的问题已有答案，图书馆从某种意义上而言已成了媒介生态的中心，即越来越多的信息是用数字形式获取的，而不是靠破解古抄本获取的。

以下是我们书中出现的信息生态一字的例子：

图书馆是满足左脑需求和分析专家的兴趣呢，抑或是满足右脑需求、帮助读者发展对人类知识作概述的信息生态中心呢？

由斯蒂芬尼、麦克卢汉和戴维·斯坦斯编写的《麦克卢汉如是说》收录了麦克卢汉1977年接受脱口秀的一篇访谈。谈到媒介生态，他说，“……意思是组织各种媒介互相帮助，使它们不相互拆台，而是我中有你，你中有我”。

虽然我尚未发现麦克卢汉的早期著作里有“媒介生态”一语，但他常暗示媒介生态的思想，我在前一节里宽泛的引语表明，他经常用“生态”和“环境”两个词。

第三节　知 识 生 态

麦克卢汉提出媒介创生环境或生态系统的理念，我们如今所谓的媒介环境学就是研究这一理念的最佳途径，麦克卢汉也接受这一提法。和他的媒介生态系统理念相似的是他知识生态系统的概念，根据这一概念，一门学科的深入研究还需要跨越学科界限去研究其他学科。尽管麦克卢汉从未用过“知识生态系统”（knowledge ecosystem）一语，但我还是想介绍他的这一理念，它建立在麦克卢汉知识跨学科性的理念之上。

我认为，以下引自《理解媒介》（McLuhan 1964）的语录提出了一种知识生态系统（一切知识均相互关联）、知识生态学或跨学科性研究的观点。

> 同样，教育的危机并不是谋求教育的人数在增长。我们新的担心是知识相互关联而产生的转变，过去课程表中的各门学科是彼此撕裂。部门独立王国在电速的条件下，像君主制一样迅速地冰消雪融了。（ibid.，p.35）
>
> 人们突然成为游徙不定的知识采集者，这一游徙性前所未有，人的博学多识也自古未有，从割裂的专门化程序中解放出来的自由亦前所未有。另一方面，人们卷入整个社会过程的深度也是前所未有的，因为电力媒介使我们的中枢神经在全球范围内延伸，使我们倾刻之间与人类的一切经验互相关联。（ibid.，pp.310－311）

以下摘自 1969 年 3 月《花花公子》上那篇著名的访谈录（McLuhan 1969），他相信知识的获取不仅需要跨越学科边界人，而且需要获取各种媒介里的知识：

> 记者：“电视儿童”能不能把传统的文字-视觉形式与他们自己这一代在电力文化中的洞见结合起来，以适应现在的教育环境呢？如果不可能，印刷媒介是不是他们绝对不能吸收的呢？
>
> 麦克卢汉：这样的结合完全是可能的，它可以产生两种文化的创造性结合——如果教育当权者意识到确实存在着一种电力文化的话。如果没有这样基本的意识，恐怕电视儿童在我们的学校里是没有前途的。

第四节　裂 脑 假 说

我和麦克卢汉探索的科学领域之一是裂脑假说（split brain hypothesis）。据此，大脑两半球高度专业化，左脑大体上是语言产出和其他分析技能所在地，同时又控制人体右侧的运动；右脑大体上是空间定向和音乐技能之所在地，同时又控制人体左侧的运动。左脑或右脑的中风使人失去相应的能力，这并不是说我们一次只用一个半球。语言技能和分析技能需要两个大脑半球的信息输入，但对多数人而言，司言语的布罗卡氏中枢位于左脑。令人扼腕的是，在麦克卢汉生命的最后一年里，左脑的中风使他失去说话、书写或阅读的能力。早在 1967 年他就知道裂脑假说，一位倾慕者送给他一篇讨论这一假设的文章。1967 年初，我重新点燃了他对这一假设的兴趣。我对他说，裂脑假说可能支持我们讨论的那个主题：拼音字母表在西方文明的发展中起到了关键的作用，因为和汉字系统相比，字母表的分析性更强，汉字比字母表更依靠视觉提示。我对菲利普·马尔尚（Philip Marchand 1989，p.246）说，麦克卢汉迷恋这一假设，“完全发疯了”。我把多伦多大学图书馆借出的一本载有这种文章的杂志转借给麦克卢汉。紧接着去他的研究所时，我就发现，他把杂志里那张大脑两半球的示意图放大挂在门上方的墙上了（R. H. Trotter 1976）。这种示意图可见《媒介定律》（*Laws of Media*，McLuhan，M. and E. McLuhan 1988，p.68）。

大脑两半球的假设吸引麦克卢汉，因为它基于经验数据。在 1976 年 9 月 14 日致吉姆·斯特里格尔（Jim Striegel）的信里，他写道：

> 大脑半球说的长处是，它是实用的、经验的，而不是观念的。最近我在巴黎的联合国教科文组织的会议上讲这个问题，没有遇到什么麻烦。法国人难以抗拒我提出的经验证据。当然，第三世界是右脑，而第一世界是左脑。从拼音字母表问世的那一刻起，线性的环境就形成了，左脑就处于支配地位。瞬时电力环境形成后，右脑把持……30 年来，我用右脑工作，去进攻左脑。象征主义诗人和詹姆斯·乔伊斯的世界是右脑世界。两半球假说给我在著作里论及的领地提供了滩头阵地。据此，我认为你可以相当大地简化你勾勒的计划。一切媒介内容都是左脑，媒介效应是右脑。右脑是感知，左脑是观念世界。我坚持认为，我一直是右脑人，重感知而不是重观念。两半球假说充分证明了我的倾向。

两个月后，1976 年 11 月 10 日致埃德温·加维（Edwin C. Garvey）的信里，他又回到这个主题。

> 在大脑两半球研究中所谓的左脑是逻辑和辩证的世界，右脑是类推的和群体知觉的世界。两半球之说不是理论的建构，而完全建立在大脑损伤经验研究的基础上。你也许注意到，左脑是线性的、连接的、目标取向的…… 相反，右脑是同步、类推的和非连续性的世界。

1976年，麦克卢汉就大脑两半球的问题与沃尔特·翁进行多次书信往来。他告诉翁，他用左脑-右脑分割的假设三十多年了，不过那是在不同名目之下进行的，包括"书面和口语、视觉和声觉、冷和热、媒介与讯息、外形与背景等"(Thomas Zlatic——个人通信)。

麦克卢汉以上几封信的许多表述我都同意，但由于对两半球假说的热情，麦克卢汉有一点忽略了：那就是连接两半球的胼胝体的重要作用。诚然，经验证据支持这一个假说：语言和分析能力的主要住所是左脑，空间和音乐技能的主要住所是右脑，但有证据显示，大量的信息在两个半球间流动，所有的心理活动似乎都利用两个半球的输入。在《主子与其信差》(*The Master and His Emissary*)里，伊恩·麦吉尔克里斯特(Ian McGilchrist 2009, p.70)指出，两半球对语言的生成都有贡献，右脑生成并理解暗喻、幽默、讽刺、讥讽和诗歌。有了这些限制性前提后，我想说，麦克卢汉的分析很有道理。然而，如何理解大脑的认知活动和大脑神经功能之间的关系，我们还有很长的一段路要走。

第五节　媒介定律

在学术生涯的后期，麦克卢汉提出了一种媒介研究的手法，他称之为"媒介定律"(Laws of Media)。对此他发表了两篇短文(McLuhan 1975 & 1977)，与儿子埃里克·麦克卢汉携手继续这方面的研究，有时还把其他人包括我也拉进去。后来，埃里克搜集父子两人的研究素材，完成两人署名的专著《媒介定律：新科学》(*Laws of Media: The New Science*, McLuhan, M. and E. McLuhan 1988)。从副标题"新科学"你就可以判断，作者的意图是把麦克卢汉的研究放在科学基础上。作者写到，"卡尔·波普尔①(右脑)的观点：'科学定律必然是可以证伪的，这句话使媒介定律的构思既成为可能，也成为必需'"(ibid., p.93)。

"媒介定律"用来研究媒介或技术的反直觉效应，研究科学规律或任何人造物，含四条定律：

(1) 每一种媒介、技术或人造物都使人的某一功能得到提升。

(2) 提升某一功能时，它使另一种媒介、技术或人造物过时，那过时媒介、技术或人造物曾经被用于提升功能。

(3) 新媒介、技术或人造物获得某一功能时，它又使先前的某种形式得以

① 卡尔·波普尔(Karl Popper, 1902—1994)，英国哲学家，赞同反决定论的形而上学。代表作有《开放社会及其敌人》《科学发现的逻辑》《开放的宇宙》《客观知识：进化论的研究》等。

再现。

(4) 新媒介、技术或人造物被推进到足够远的地步时,它就会逆转,成为一个补充的或对立的形式。

媒介定律第 4 条中的逆转可能是麦克卢汉从《易经》学到的。他写到,"《易经》说,任何形式到达潜在的终点时,其特征都会逆转"(McLuhan 1999, p.71)。

为显示媒介定律,让我们首先考虑货币媒介。货币促进贸易和商业,使物物交换制过时,再现了狩猎和采集社会的炫耀式消费,逆转为信用卡的一种补充形式。或可以考虑汽车技术,它加快了运输,使役马和马车过时,再现了闪亮盔甲的骑士,逆转为交通堵塞——难以移动,与加速的意向相反。汽车媒介律的逆转和人们的观察一致:石器时代人把 5%的时间花在运输上,现代人花在运输上的时间却多达 25%——如果你把他们挣钱买铮亮新车所花的时间都算上的话(Sahlins 1968)。

关于麦克卢汉的科学兴趣还有一例。一天上午,他和我讨论物理学,我们决定用媒介定律来考察运动,一共考察了五条运动律。

(1) 亚里士多德运动律:如果一种力要不断地对一个物体起作用,它就必须维持运动。

(2) 冲力论(impetus theory)——布里丹(Jean Buridan)惯性论的先导——它打破了亚里士多德在中世纪欧洲的物理学堡垒。它假设,物体一旦运动,它就可以维持运动一段时间,无需任何力量对它起作用,但其运动终究会消耗殆尽,物体会停止运动。

(3) 牛顿第一运动定律:物体保持匀速运动,除非外力作用于它。

(4) 牛顿第二运动定律:物体的加速度跟作用力成正比,与其质量成反比。

(5) 牛顿第三运动定律:两个物体之间的作用力和反作用力,大小相等,方向相反。

用媒介定律来分析这五条运动律时,我们发现:亚里士多德运动律逆转为布里丹的冲力论,冲力论逆转为牛顿第一运动定律,牛顿第一运动定律逆转为牛顿第二运动定律,牛顿第二运动定律逆转为牛顿第三运动定律,出乎我们意料牛顿第三运动定律逆转为爱因斯坦的相对论。我不会声称这是搞科学活动,但这个故事足以显示麦克卢汉对科学的兴趣。那天上午的讨论结果收录在《媒介定律》中(Eric McLuhan, ibid., pp.212-214)——在他去世八年后,这本书由其儿子埃里克·麦克卢汉编订出版,行文与麦克卢汉和我讨论的形式略有不同。

《媒介定律》还收录了另两个讨论科学问题的例子:即哥白尼革命和生态

学。它还详细介绍了心理学(弗洛伊德、荣格①和卢利亚②)、神经科学(Bogen, Trotter, Krugman and Gazzaniga)、量子物理学和相对论,涉及普朗克(Planck)、爱因斯坦、玻尔、德布罗意(Louis de Broglie)、海森堡、埃丁顿(Eddington)、韦尔(Weyl)、闵可夫斯基(Minkowski)。《媒介定律》还介绍了若干论现代物理学的作家,比如刘易斯·费尔(Lewis Feuer p.60)、卡尔·波普尔、托马斯·库恩、弗里乔夫·卡普拉(Fritzjof Capra p.43)、马克斯·贾梅尔(Max Jammer pp.44–45)和米利克·恰佩克③(Milic Capek p.46)。

媒介定律用于分析人造物,无论传播媒介、技术发明、科学定律或原理都适用。《媒介定律》里的术语"过时"和麦克卢汉的概念一致:过时并不等于任何事物的终结,而是某一新事物的开始。被货币取代的物物交易制并不意味着现金的使用永远终结了直接的商品交易,然后,它意味着现金交易成为商业交易的主导形式。与此相似,役马和马车的过时并不永远终结这种运输形式,大城市的旅游景点还用它吸引游客,许多第三世界中心区或文化群体,比如阿米什人④还在使用这种运输模式。不过,汽车成了占主配的交通模式。印刷术并不使手写文件过时,手写文件仍然是书面文件的一部分。还有一些例外,比如,用于犹太教堂里宣讲的犹太律法必须用手写,印刷本的犹太律法是用来研究的,或者是伴随手写本印制的。抄本使古卷轴过时,但手写本的犹太律法又以古卷轴的形式保存。

用媒介定律来研究电力媒介,结果是看到信息超载的逆转。每一种新出现的媒介都试图应对先行媒介引起的信息超载。在 1967 年加拿大广播公司的一次访谈中,麦克卢汉解释了这种效应。"生活在电力信息里的印象之一是,我们栖居在信息超载的状态中。信息总是多得你难以应对。"

有一点必须要补充说明,媒介定律不是严格意义上的科学定律。关于什么过去的东西会再现,什么技术或媒介会逆转为什么样的补足形式,它并不做独特的预测。媒介定律是一种概论或规律,其本质是,一切媒介都遵循一个相同的一

---

① 荣格(Carl Gustav Jung, 1875—1961),瑞士心理学家、精神病学家、分析心理学创始人之一,将人格分为意识、个体潜意识和集体潜意识三个层次,师承并反叛弗洛伊德学说。

② 卢利亚(A. R. Luria, 1902—1977),苏联心理学家、内科医生、神经心理学家、记忆神经心理学家,著有《记忆大师的心灵》《破碎的人》《言语和心理的发展》《大脑的工作机理》《神经心理学原理》《认知发展的文化社会基础》等。

③ 米利克·恰彼克(Milic Capek, 1890—1938),捷克小说家、剧作家,率先使用"robot"(机器人)一词,著有《罗索姆万年机器人》《鲵鱼之乱》等。

④ 阿米什人(Amish),基督教的一个小教派,主要分布在美国和加拿大部分地区,属于基督新教再洗礼派门诺会的一个保守分支,通常拒绝使用现代科技。

般模式：提升、过时、再现和逆转为补充形式。媒介定律更像是一个探索工具或探针，使人洞察新媒介或技术的效应，即可能的演化。以电视为例，看看我们是否能理解这个媒介正在发生什么变化。电视提升娱乐，使印刷品过时，再现口语传统，逆转为 YouTube 和其他数字媒介。我们看到，数字媒介正在使电视过时，意思是说，年轻人更倚重数字媒介满足自己的信息和娱乐需求，不那么倚重电视。电视不能与数字媒介的互动性和丰富性竞争，也不能与数字媒介的双向性竞争。电视成了一种单向的死胡同媒介——没有互动性，因而是单调乏味的。

如果用媒介定律来分析数字媒介，也许我们能洞察，数字媒介的使用将我们带去哪里。

(1) 数字媒介增强互动性，使人更容易获取信息，是双向传播。

(2) 数字媒介使电视之类的大众媒介过时。

(3) 数字媒介使社群再现。

(4) 数字媒介推进到足以发生逆转的程度时，逆转为超现实，使人失去与自然和人体的接触。

读者或许希望自己用媒介定律去考察数字媒介，看看自己会有何发现。我们还邀请读者用媒介定律去分析自己接触的一种新工具或人造物，借以判断种种新工具或人造物可能会带来什么样的变化。

媒介定律是麦克卢汉运用外形/背景关系的又一个例子，我们在第一章里讨论过。提升人的某种功能的媒介就是外形，它是第一媒介定律的研究对象。过时的媒介和再现的媒介就是背景，第一媒介定律逆转成为的新媒介构成一种新外形。由此可见，媒介四定律有两个外形和两个背景。

第六节　麦克卢汉的经验主义，他渴望检测自己的思想

麦克卢汉不是坐在扶手椅上清谈的哲人，他是经验主义者，相信唯有通过仔细观察媒介对使用者的影响，才能判定媒介对社会的心理影响和社会影响。他终身通过心理实验检测自己的思想。他本人并不进行许多实验，但他鼓励其他人做实验。有一次例外，那是在 1954 年，他和多伦多大学同事一道积极参与一场实验。麦克卢汉和他的同事泰德・卡彭特教授于 1953 年获得福特基金会 5 万美元赞助费，在当时是相当大的一笔钱。他们拿出一部分钱搞了一场实验：实验将 100 名学生分成 4 组，各组授课材料相同，但用了四种不同的媒介：电视、广播、演播室听课、印刷材料。然后检查受试学生对材料的理解。令实验组

织者吃惊的是，通过电视学习的受试者成绩最好。

除了这场实验，麦克卢汉还促成了同事丹尼尔·卡朋(Daniel Cappon)的几场实验。卡朋是多伦多大学的精神病学教授，麦克卢汉担任他的顾问，其实验目的是判定受试者的感知偏好。不过，他们这些实验很快就被通用电气公司研究员赫伯特·克鲁格曼的统计成果取代。克鲁格曼研究受试者阅读和看电视的脑电波，实验结果发表在1971年2月的《广告研究》(*Journal of Advertising Research*)杂志上，文章题名《媒介试验脑电波测试》("Brain Wave Measures of Media Involvement", Krugman 1971)。他把电极植入受试者的后脑，借以检测他们阅读和看电视的脑电波。他发现，阅读和看电视产生的脑电波迥然不同。他并不是要检测或验证麦克卢汉的理论，而是要判定不同媒介形态下广告的效应。在实验结果的宣讲会后与一位记者交谈时，他说，"我踏上了意料之外的旅途我从未打算证明麦克卢汉的假设，我只是在不停地撞上他"(Newsweek 1970)。在他发表的文章里，克鲁格曼(Krugman, 1971, p.9)写到，"初步的脑电波数据仅从某种意义上支持麦克卢汉，即电视似乎并非如我们所了解的那种传播媒介。受试者尝试通过印制的广告学东西，看电视广告时却相当被动。"克鲁格曼研究结果中麦克卢汉式的结论之一是，"我们对印刷品起作用，电视对我们起作用"。也许，克鲁格曼最重要的发现是，不同内容在同一媒介下不产生脑电波的重大差异，脑电波的差异完全是媒介差异的产物，这就证明了麦克卢汉的论点：媒介即讯息。

在第五章第三节《麦克卢汉业已实现的预言》里，我们将发现麦克卢汉的十余个预测或预言，许多年以后它们都陆续实现了。此外，他辨识的大众电力媒介的许多特征在今天数字媒介的身上更加明显了(见第五章第四节《麦克卢汉指认的电力媒介的趋势进一步加剧了》)。

任何科学假设或理论都面对严峻的考验即其预测能力是否经得起实证检验。他预测的数字媒介发展趋势很多已经实现，这证明我的假设是可信的：麦克卢汉的研究方法是科学的，在某种意义上，他可以被视为科学家，至少可以说，他坚持了科学探索的原理。

第四章

麦克卢汉和因果关系：技术决定论、形式因和突显理论

只要愿意思考正在发生的事情，绝对不会有不可避免的事情。

——麦克卢汉

第一节　导　　语

麦克卢汉研究媒介及其效应最富有争议的一个方面是他对因果关系和决定论的态度。尽管对一直被指控为技术决定论者，但他始终坚持说，情况刚好相反。我们在上文已看到，他说“他从结果着手，回头去追溯原因”(Molinaro, McLuhan, C., and Toye 1987, p.478)。这和决定论的研究方法截然相反。更为复杂的是，他把自己因果颠倒的方法描绘为形式因(formal cause)，形式因是亚里士多德在《形而上学》第五卷里的用语，是其四因说(即质料因、动力因、形式因、目的因)之一。我提出这样的主张：理解麦克卢汉有关因果关系和决定论的最简单的方式就是承认，他基本上是在预示突显理论，即使不是在名义上，至少是在精神上预示突显理论。

什么是突显理论呢？突显系统(emergent system)是一个有特性的复合系统，其特性不能从构成要素中导出、还原或被预测。活生生的有机体是突然显身的，因为其特征是其单个化学分子不具备的。液态水有表面张力特征和流动性，但其水分子却没有这些特征。一个水分子具有的特性是其两个氢原子和一个氧原子不具备的。社会具有的特征未必是社会成员具有的特征。“突显”一词有两种解读方式，一是强突显，一是弱突显(weak emergence)。在强突现中，复合系统的特性不能还原为其构成成分的特性，在弱突显中，复合体的特性可以还原为其成分的特性。整体大于成分的总和，这句话可以回溯到亚里士多德和约翰·斯图亚特·穆勒①。“整体大于成分的总和”这句话基本上是弱突显形式，至于复合体的特性不可还原为其成分的特性，这些思想家从未探讨过。比如，穆

① 约翰·斯图亚特·穆勒(John Stuart Mill, 1806—1873)，又译密尔，英国经济学家、哲学家和政治学家，著有《逻辑体系》《政治经济学原理》《论自由》《功利主义》等。

勒 1859 年在《论原因的构成》(*Of the Composition of Causes*)里说得对:“众所周知,两种物质的化合生成第三种物质,其特性和两种物质的特征完全不同,与两者相加的特性也不同。”然而,化学复合物的特性能还原为由其构成的原子的特性,即量子力学的作用,这也是尽人皆知的。

亚里士多德在《形而上学》里的表述“整体在某种程度上,不是单纯的一堆东西,但整体是超越部分的”,这句话并没有谈到还原性的问题。在描绘生物学时,亚里士多德提出了类似于突显理论的思想,他论及“效力”(potencies)的概念,借此,

> 人或动物的成年个体从年轻的形式中浮现出来(但和当代突显理论不同的是,他认为,完整形式从一开始就存在于有机体中,宛若一粒种子,只需从潜在的状态变为实在的状态)……亚里士多德的突显解释包括“形式”因,形式因通过内在于有机体的形式运行,“目的”因拉动有机体走向终极目的或“完美”。(Clayton 2006, p.5)

亚里士多德分析原因时假设,有一个动因(agent)即动力因(efficient cause)的源头,其目标是利用特定材料实现终极因(final cause),这个质料因利用现存的模式或形式,发挥形式因的作用以实现终极因。由于突显的现象,模式或形式预先是不知道的,人不能预测复杂系统的成分如何自我构建自己。成分自我构建肯定以一种无目的方式进行,因为即使系统有目的,其目的只有在浮现出来后才明显,此前是不明显的。与此类似,突显系统的模式或形式只有在系统浮现出来后才为人所知,因此形式是不能被视为原因的,它只能被视为结果。同理,目的因是没有的,就像没有动力因一样——突显出来的东西不一定归为动因目的。你可以说,突显系统的目的是突显系统本身,但这等于说,结果的目的是结果本身,这是同义反复的表述。简言之,无论是亚里士多德的生物学或四因说都不能解释强突显理论。

在突显系统浮现的过程中,没有简单的线性因果关系,因为构成系统的成分对复合系统施加的影响是自下而上的(部分构成整体)。反过来,复合系统对其成分构造施加自上而下的影响,对成分的表现方式形成制约。成分的互动引向突显系统的自我构建是非线性的,因为那自下而上和自上而下的原因。实际上,他们之间的系统成分的横向非线性因果关系生成突显系统。反过来,突显系统对那些由其构成的成分施加自上而下的影响。

在突显和复杂理论的本质未被解开之前,复杂非线性系统被视为是自然规律的例外。如今我们意识到,复杂性实际上是常态,而非脱离常规的,因果关系的大多数形式是非线性的,并没有目标动因。亚里士多德的四因说描绘罕见情

况下存在一个有目标的动因、必要的质料和计划或形式。回到过去，当哲学家们在用造物主创造世界来思考时，亚里士多德的四因说作为描绘自然的一种方式那还是有道理的。

用生态学方法，我们今天能比较好地描绘自然，亚里士多德的四因说就不合时宜了。麦克卢汉想要维持古典时期的一些传统工具，他遵循因果颠倒以及外形与背景颠倒的路子，重新界定形式因。亚里士多德运思的背景非常醒目，他倚重文字，心里想的是一次一件事。因此，经麦克卢汉稍微扭转，便使亚里士多德跟上时代，基本上能承载突显理论，这不足为奇。麦克卢汉的因果论是非线性的，而亚里士多德的因果论是线性的，适合视觉思维的人。

虽然麦克卢汉从未明确谈论过突显理论，但我要证明，他的场方法论、因果逆转以及外形和背景的非线性互动都是他的招牌。理解麦克卢汉方法论的最佳途径是：将其理解为突显系统与其成分的自上而下和自下而上的因果互动，如此，他的招牌方法暗示着突显理论。指出麦克卢汉方法论与突显理论或突显系统思想之间关系的，我并非第一人。兰斯·斯特雷特（Lance Strate 2010）也探讨了这一关联，证明了此前学界包括我本人在这个方向上的努力。他写到，“在过去的 20 年间，系统观念和方法出现在媒介环境学的研究文献里”（Logan, 2007; Rushkoff, 1994, 2006; Strate, 2006; Zingrone, 2001）。

我们即将做的研究是首先要驳斥那荒唐的断言即麦克卢汉是技术决定论者。然后再阐述我们的论点：麦克卢汉是突显理论者，而且是强突显理论者。为了详细说明他和突显理论的关系，我们先说强突显理论和弱突显理论的区别。强突显理论认为，突显系统的特质是无法被导出的，无法被预测的或还原到其构成成份的特质。相反，弱突显理论认为，整体大于成分的总和，整体的特性可以还原为其成分的特性。弱突显理论走在麦克卢汉之前可追溯到亚里士多德和约翰·斯图尔特·穆勒。

我们将在这里证明，麦克卢汉预示的一种基本上为强突显理论者的立场，这种立场的明确显现（大人不记小人过）是在他去世后的 20 世纪 80 年代。近代稍早的突显形式可追溯到乔治·亨利·路易斯①（1875），他首创“突显”一词，随后被一些学者尤其是新涌现的进化论者捡起，他们的作品表现出对“20 世纪二三十年代崛起的基因科学的不喜欢及对生物学的分析法和实验法取得的巨大成就不满（Corning 2002）。”突显理论东山再起。也就在这一时期麦克卢汉开始了

① 乔治·亨利·刘易斯（George Henry Lewes, 1817—1878 年），英国文学批评家、随笔作家和哲学家，著有《生命与思维的问题》《演员和表演艺术》等。

他的研究。康宁(Corning 2002)写道:

> 20世纪50年代,"一般系统论"崛起,在更广泛意义上再次肯定自然界里总体的重要性。在生物学家贝塔朗菲①著作的激励下,系统论运动风靡一时,就像今天的复杂理论一样。

在《媒介与文明:地球村里的战争与和平》(*War and Peace in the Global Village*, McLuhan, Fiore and Angel 1968)一书里,麦克卢汉参考贝塔朗菲,显示他对系统论的兴趣。我们还知道,麦克卢汉熟悉诺伯特·维纳②的著作。

麦克卢汉结束他的研究以后,突显理论和复杂理论才真正起飞。如康宁所言,"突显理论作为合法的主流观念的再现……大致与人们对复杂现象的科学兴趣的增长相符,大致与新的非线性数学工具的发展,尤其与混沌理论和动态系统理论的发展同步,这一理论使得科学家能用新颖、富有洞见的方式为复杂、动态的系统里的互动构建模型。"这些发展多半是在麦克卢汉1980年去世后才出现的。

鉴于突显理论的再现以及复杂理论和混沌理论的出现的时间轴线,麦克卢汉研究路径与强突显理论、复杂理论和混沌理论的相似性,自然就是他媒介效应研究独特路径的结果。我将吸收麦克卢汉的许多洞见,证明它们独立平行于强突显理论的许多特征。试举一例,他观察到,因"传播媒介的任何变革"而产生的复杂性造成这样一种情境:"预测和控制都是不可能的。"(McLuhan 1955)我将证明,麦克卢汉认为的传播断裂点比如字母表、印刷机的采用,与突显系统典型的相变特征有一致性。我还认为,麦克卢汉的"媒介即讯息"和布莱恩·阿瑟(Brian Arthur)将突显理论用于经济学研究,特别是阿瑟的收益递增观之间有关联。我要证明,媒介创造服务于环境和破坏环境的能力与达尔文生物圈进化论中的生态位构建相一致。

要对我们的研究作总结,我们有必要对印有麦克卢汉标记的形式因和强突显理论作一比较。我认为,麦克卢汉所用的形式因实际上比亚里士多德的形式因构想更接近突显理论。我还要说,麦克卢汉标记的形式因并不限于对人造物的理解,还可以用来理解自然界里的突显现象。

我觉得有点吊诡的是,麦克卢汉回头聆听亚里士多德,回眸其形式因概念,

---

① 路德维希·冯·贝塔朗菲(Ludwig Von Bertalanffy, 1901—1972),奥地利裔美国理论生物学家和哲学家,涉猎医学、心理学、行为科学、历史学、哲学等诸多学科,著有《机器人、人和意识》《有机心理学和系统理论》《一般系统理论》等。

② 诺伯特·维纳(Norbert Wiener, 1894—1964),美国数学家、控制论创始人,著有《控制论》《维纳选集》《维纳数学论文集》以及自传《昔日神童》和《我是一个数学家》。

因为他的思想和亚里士多德的思想无关联。对亚里士多德而言，一个命题非正即误。他在《解释篇》里率先提出排中律：一个命题非正即误，不可能亦正亦误。对麦克卢汉而言，一个命题可能会是正误兼半的（“半真实里是否有大量真实呢？”）。“麦克卢汉从来不受学界‘美德’的诱惑，以仔细限定自己的言论……被批评兜售半真半假的东西时，他常常自我辩护说（列宁称道的），‘半块砖头砸玻璃和整块砖头砸玻璃一样起作用’。”（Marchand 1989, p.189）麦克卢汉接受量子力学的思想和尼尔斯·玻尔的思想。玻尔曾经说，“正确陈述的反面是错误的陈述。但一条深奥真理的反面可能是另一条深奥的真理。”

麦克卢汉以下表述也不符合亚里士多德的精神。对亚里士多德而言，真理和正确是神圣的价值，麦克卢汉却不这样看，他说：

> 我未必完全赞同我说的一切。
>
> 你不喜欢那些想法吗？我还有其他一些呢。
>
> 你的意思是，我的“谬论”全错了？
>
> 我可能会错，但我从来不将信将疑。

麦克卢汉和亚里士多德的另一个无关联的地方是，两人对文本应如何展开的态度不同。在《诗学》里，亚里士多德写道：“一个完整的情节必须有开头、中段和结尾。”众所周知，麦克卢汉的文本缺乏头、中、尾这样的结构。《谷登堡星汉》是重复某些思想的、任意编排的短文集。《理解媒介》是描绘某种媒介作用的文集，呈现方式并没有特别的逻辑顺序。他的其他著作比如《媒介即按摩》《媒介与文明——地球村里的战争与和平》《探索之书》《从陈词到原型》（*From Cliché to Archetype*）、《文化是我们的产业》（*Culture Is Our Business*）都是观察心得的汇编，文本的展开都没有特定的顺序。

第二节　麦克卢汉不是技术决定论者——他是突显理论者

批评麦克卢汉借以贬低其研究成果的责难之一是，他只不过是个技术决定论者。麦克卢汉逆转因果，认为原因和结果同步。有鉴于此，说他是技术决定论者显然是荒唐的，但这样的指控还是被提出了，对付这种责难的最好办法就是让它休息。

他真是技术决定论者吗？这个问题难以回答，因为“技术决定论者”是一个被加载了东西的术语，被许多学者用作贬义词，借以贬斥他人的著作幼稚或简单化。尽管事实是麦克卢汉不从观点出发，也不从理论基础出发，但许多人还是责备他是“技术决定论者”。大卫·马歇尔(P. David Marshall 2004, p.31)就是许多传媒学者之一。他试图用“技术决定论者”的刷子抹黑麦克卢汉。他写道:“由于麦克卢汉把技术与其改造社会的功能简单地联系起来,他被贴上‘技术决定论者’的标签,恰如其分。”

实际上,大卫·马歇尔正是那个太简单化的人。他说麦克卢汉提出技术与其改造社会的功能之间存在简单的关系。倘若他仔细读过《谷登堡星汉》开卷的几页,他肯定会接触到麦克卢汉对自己这本书的描绘。“然而,本书离所谓的决定论相去甚远,希望现在的研究将阐明社会变革的一个最重要因素,即使人的自主性实实在在地增强。”麦克卢汉自己的话明明白白,他无意使自己的研究带上决定论的色彩。

大卫·马歇尔(2004)试图给麦克卢汉扣上“技术决定论”的帽子,还提出另一种错误的指控:“麦克卢汉太多强调形塑社会的一个因素”,忽略了“政治经济力量”。真相刚好相反。麦克卢汉常常检视媒介与传播的关系,同时又考察商务和工作性质的关系。比如他说,电力技术终结了工作与休闲的二分法。麦克卢汉和内维特(1972)合著的《把握今天:自动出局的行政总管》分析了媒介和技术对经济和政治的冲击。

为麦克卢汉作传的库普兰①(Coupland,2010, p.187)说,麦克卢汉没有忽略政治、经济力量,事实上他预见到他去世后很久发生的深刻的变革。

麦克卢汉的著作富有深刻的政治含义……他预见的变革不是一夜间发生的现象,而是有关认知、文化的变革。这些变革引起人类演化里的变化……引起苏东剧变和吉哈德的兴起。

第三节　何谓决定论,它真那么坏吗?

技术决定论的责备是双向切割的。麦克卢汉的批评者将其用作贬义词,对他的著作嗤之以鼻,但决定论又有另一面。事实上,决定论就处在解释性科学的核心。牛顿、法拉第、麦克斯韦和达尔文都是决定论者。凡是提出科学定律的人都是决定论者。甚至在微观原子层次放弃因果关系的量子力学也沿用了它,以预测大批粒子的行为,使我们理解固体物理学,进而使今天的数字技术成为可能。

---

① 道格拉斯·库普兰(Douglas Coupland, 1961—),加拿大小说家、视觉艺术和影电影艺术家,著有《X世代》《香波行星》《上帝之后的生命》《麦克卢汉传》。

麦克卢汉研究技术和媒介与其对社会的影响，指出两者间非常丰富的关系。尽管他的表述与决定论刚好相反，他还是被指责为技术决定论者，如果有人想把任何一个假设技术和社会变革之间有点关系的人都视为技术决定论者的话。麦克卢汉被扣上这样的帽子还是理所当然的。任何否定技术和社会变革关系的人，都是不可救药地幼稚，都脱离社会现实了。麦克卢汉把社会变革与技术联系起来，但他并没有说两者之间有简单的线性关系。相反，他用“环境”和“场”的概念来描绘两者之间的关系。技术是理解社会变革的重要因素，但显然不是唯一的因素。指出技术决定论指责的毒素以后，剩下的问题就是：麦克卢汉在多大程度上是技术决定论者，他又是什么样的技术决定论者？

无疑，麦克卢汉理解媒介路径的核心原则是，媒介对社会、政治、文化、教育和经济变革起非常重要的作用，即便不是主导的作用。麦克卢汉“媒介即讯息”和媒介是“活的力量的漩涡”这两个观念就是恰当的例证。然而，判定麦克卢汉是技术决定论者，是从技术对社会过程产生重要影响这一意义上提出的，我们还要回答这样一个问题：他是不是如有人指责的幼稚的技术决定论者呢？显然，麦克卢汉对任何事情都不是单一原因解释者。他抨击“观点”论和“牛顿的单一视野”。“如果你抱定一个观点，你就固定不变了。”（McLuhan, McLuhan, Staines 2003, p.226）他描绘的洞见是“对复杂过程的顿悟”，这正是他眼中媒介与社会的关系。

第四节　麦克卢汉的场方法论

麦克卢汉（1962, p.7）在《谷登堡星汉》卷首对他的方法论进行了描绘。他写道：“《谷登堡星汉》推出研究问题的马赛克方法或场方法论。所列数据和问题的马赛克图像提供唯一切实可行的手段，以揭示历史的因果运行。”

在《理解媒介》里，麦克卢汉（1964）推出了与电力信息相关的“场”的概念，他把电力信息与电场联系起来。场的概念是一个关键的概念，是麦克卢汉理解后谷登堡时代的重要依据，他把它看成是“互动事件的总场”（ibid., p.248）。场方法论蕴含着生态方法。生态系统只能用场方法论去处理和描绘。媒介生态系统里有许多元素，如一切媒介形式的互动、人的互动，因此，媒介生态系统只能被描绘为场，不可能一次只描绘一个成分。牛顿力学描绘太阳系时能一次一个天体逐个描绘，但描绘电粒子时，由于电粒子的数量达到10的26次方或27次方（10^{26} or 10^{27}），牛顿力学就行不通了。同样，媒介环境或媒介域由许多不同的成分组成，而这些成分就是80亿的人口，以及地球人借以互动的所有技术媒介，再加他们的物质环境。

> 电力时代给予我们视通万里的、整体场知觉的媒介。(ibid., p.56)
>
> 电力媒介具有整体“场”的性质,它们趋向于淘汰那些长期以来被我们视为传承接受的形式和功能的分散的专长,有字母表、印刷术和机械化的形式和功能。(ibid., p.243)

显然,麦克卢汉用了场方法论,实际上就摒弃了线性的因果模式,那种模式的特点是幼稚的“技术决定论”。描绘电力媒介的效应时,他写到,“今天,我们生活在信息和传播的时代,因为电力媒介迅速而经常地创造一个相互作用的事件的整体场,所有的人都必须参与其间”(McLuhan 1964, p.248)。麦克卢汉采用了“总体场理论的方法”。我认为,这是因为他受到自己对20世纪现代科学理解的影响,以下引文包含了这样的研究路径。

> 对古今和未来情境的一切线性的研究方法都是徒劳无用的。科学界已认可统一场理论的需要,统一场理论使得科学家能够用上一套连续的术语,把各种各样的科学场域联系起来。(McLuhan 1953, p.126)

麦克卢汉倡导的统一场理论研究方法使爱因斯坦的相对论再现,根据他的相对论,时间和空间统一在四维的时空连续体里。借助媒介定律,麦克卢汉的场方法论提升媒介生态,使内容分析过时,再现爱因斯坦的四维时空连续体,使颠倒的因果关系逆转过来。

第五节 麦克卢汉、突显理论和复杂理论

我认为,我们不应该把麦克卢汉视为技术决定论者,把他视为早期突显理论者那会更加准确。他没有明确利用复杂理论和突显理论,但他基本上在应用该思想对传播和对技术的冲击进行分析。麦克卢汉对媒介和社会之间的非线性动态关系方面的认识,在某种意义上,预示着非线性动态学、协同进化、复杂理论或强突显理论的到来,在一定程度上还预示了混沌理论的到来。

采用内容分析法的传播理论家拥抱稳定性。对他们而言,新技术的到来没有改变传播环境,讯息的意义纯粹是其内容的功能,完全独立于用于传输内容的媒介。对他们而言,媒介不是讯息——内容才是讯息。相反,麦克卢汉认为,新技术与早前的技术形式相互作用,完全改变传播环境,传播在媒介里进行,传播的意义受媒介影响。他写到,“新媒介并不是旧媒介的加法,它也不会和旧媒介和平相处。它永远不会停止对旧媒介的压制,直到它为旧媒介找到了新的形态和地位”(McLuhan, E. and Zingrone 1995, p.278)。

我不是说麦克卢汉在突显理论和复杂理论的发展中发挥了任何作用，而是说，他用非数学的方法去理解媒介及其效应，独立地形成了与物理学、生物学和经济学的思想类似的复杂性的思想。在1955年的一篇文章里，他（McLuhan 1955）写道："因此，传播研究的一个简单的格言是，传播意义上的任何变化都会在文化和政治的一切层面产生一连串的革命性结果。由于这个过程里成分的复杂性，预测和控制都是不可能的。"

我觉得这段文字相当有先见之明，因为复杂理论的基本原理之一是，复杂的非线性系统具有其构造成分没有的特质，提前预测这种系统的特质是不可能的。这可以转换为生物进化论的一个概念：你不能预断达尔文主义的预适应（Kauffman, Logan et. al. 2007）。我发现这一先见之明的理由是因为早在1955年离强突显理论和复杂理论现身之前（一语双关），麦克卢汉似乎就意识到系统论了，彼时，系统论刚开始形成。有可能麦克卢汉独立达成了这样的思想，那是他理解媒介的场方法论得出的结果。

虽然麦克卢汉知道控制论和一般系统论，但突显理论和复杂理论到他1980年去世后才起飞，如上文所述。

成立圣塔菲研究所①的团体最初的会议是在1984年，但追溯到20世纪60年代，麦克卢汉在他的著作中早就吸收了许多后来成为圣塔菲运动一部分的思想，诸如他聚焦于模式识别。

> 如今，在我们生活的世界里，事物变化得很快，任何人都能发现事物的形貌、变化的模式，我们日益生活在模式识别的世界里。（http://marshallmcluhanspeaks.com/electric-age/1968-pattern-recognition.php）

麦克卢汉模式识别的焦点是复杂理论方法不可分割的一部分。他强调场方法论而不是线性序列、一次一事，在他这里，机械主义的方法变成了反还原论者的立场，反还原论者的立场是复杂理论的核心，把焦点放在非线性动态论上。麦克卢汉全然反对还原论者的"牛顿单视觉"，或这种叙事视角。他坚定地主张这样的观点：在电力传播的时代，媒介动态是非线性的。他与内维特合著的书写道：

> 尼尔斯·玻尔所谓互补性所表达的是："原子"互动既是"声形"波也是视形"粒子"，并通过在每一个过程得到了例证，即每一个过程里都包含同步运动的连续不断的互动……这种外形—背景的互补性似乎以因果性的关

① 圣塔菲研究所（Santa Fe Institute, SFI），位于美国新墨西哥州圣塔菲市的非盈利性研究机构，世界知名的复杂性科学研究中心，成立于1984年，该所的主要研究方向是复杂系统科学。

系出现在所有“预封装”的过程中。互补性是一个过程，借此，结果变成原因。今天，由于因果瞬间融合，新的共同背景既不是容器，也不是范畴，而是凭借媒介生成的广阔空间。(McLuhan and Nevitt 1972)

布莱恩·阿瑟(2007)把复杂理论应用于经济学，下面是他对复杂理论的描绘，与麦克卢汉的方法有许多相似之处。

复杂理论其实是一种科学运动。标准的科学往往把世界看成是机械的。那样的科学把事物放到越来越精密的显微镜下观察。生物学的研究从机体分类到有机体的功能，然后是有机体本身、细胞、细胞器直至蛋白质和酶、代谢途径和DNA。这是越来越精细的还原论思想。开启复杂理论的运动凝视的方向刚好相反。这是问，事物如何自己组合？模式如何从互动的元素里浮现？复杂理论审视的是互动的元素，考问元素如何形成模式，模式又如何展开。重要的是指出，模式可能永远不会完结，它们是开放式的。

麦克卢汉研究的互动元素是媒介，媒介的互动是非线性的、开放的。每一种新媒介都产生一个新环境(McLuhan 1964, p.158)。只要新媒介在涌现，新环境的创生就会继续下去，这个过程在智能人创造了他们的首批工具以后从来就没有间断。麦克卢汉的媒介生态说本质上是系统思维法，它吸收了媒介之间互动的非线性观念，也就是“因果同时浮现”的观念。由于非线性动态的性质，环境、生态系统是突显系统。“环境不仅是容器，而且是全然改变内容的过程”。(McLuhan, E. and Zingrone 1995, p.273)麦克卢汉的传播图像极富流动性，媒介在传播中起动态作用，媒介不是传输动因之间讯息的消极容器。因此，媒介的互动、媒介内容、信息发送者和接受者的互动是非线性的、复杂的。总而言之，媒介生态是一种复杂理论形式。

在复杂理论里，从一种组织形式到另一种组织形式的相变发生时，新的秩序层级随之发生。麦克卢汉思想与复杂理论相似的另一个要素是，他认为新媒介催生传播、工作、社会组织和认知的新模式。我想说，这些新模式是突显模式，代表相变。根据突显理论，“组合获得一定水平的复杂性时，新的特性随之浮现；这些特性既不能还原，也不能从他们突现的较低层级去进行预测”(el-Hani and Pereira 2000, p.133)。新媒介进入现存的媒介环境时，媒介环境的新特征随之浮现。

麦克卢汉表明，随着新媒介社会的到来，工作和学习都将经历大变化，“新的特征浮现；这些新特征既不能还原，也不能从他们突现的较低层级去进行预测”(ibid.)。用复杂理论来说，这些新特征代表着一个相变，而这一相变类似于热力学里的冰变成水或从水变成蒸汽。你不能预测从冰变为水的特征，同样，你不能预测从口语变到书面语的特征和冲击，或者预测从手稿变为印刷机的特征和冲击。每一种新媒介都催生一种相变，在这一过程中，带有特征和冲击力出现的新表达形式不能拿此前的媒介环境去进行预测。麦克卢汉对这一媒介相变做了证明。

兹举一种相变予以说明。言语的产生、从前语言猿人到智人的过渡产生了更丰富的文化，人类独步天下的计划能力随之而起。麦克卢汉对这个发展过程做了这样的描绘："一切媒介都是积极的暗喻，把经验转化为新形式。言语是人最早的技术，借此，人可以用欲擒先纵这样一种新的方式来把握环境。"(McLuhan 1964)

麦克卢汉描绘的下一次相变是文字出现时发生的，口语文化的听觉-触觉空间转化为书面文化的视觉空间；在口语文化的听觉-触觉空间里，信息在真实时间里同步进行；在书面文化的视觉空间里，"空间和时间的形式……是一致的、连续的和连接的"，信息处理是一次一件事。

麦克卢汉确认的其他一些相变有：

(1) 字母表——导致抽象科学、演绎逻辑、一神教、历史和哲学的产生(McLuhan and Logan 1977)；

(2) 印刷机——催生出个人主义、通俗文学、民族主义、文艺复兴、宗教改革、大宗生产和工业化(McLuhan 1962)；

(3) 电力媒介——电报、电话、广播、电视之类，导致口语文化听觉-触觉的回归或再现(McLuhan 1964)。

在以上三种相变中，你都不能预测这些媒介的结果和效应，也不能预测尾随其后的发展，就像你不能预测任何强突显形式的未来发展一样。

我建议，我们给这个单子再加一种传播里的相变，麦克卢汉去世早，没来得及看到这一相变。这就是具有电力媒介许多特征的数字媒介，其中一些麦克卢汉已经确认，另一些是谁也预见不到的。数字媒介也是电力媒介，所以它们拥有电力媒介的特征，此外，它们还拥有其他一些特征：流动性、无处不在性、融合性、内容集成性、社会集体性和再混合性(Logan 2010)。麦克卢汉曾暗示这方面的一些发展，但数字媒介表征着突显现象，它们催生的是大众电力媒介不曾有过的全新发展和传播特质(ibid.)。

麦克卢汉指出，新媒介的引入产生媒介环境的重组，出现过去无法想象的新现象。这一论述与复杂理论的核心主题的一点相一致：换言之基于你对复合媒介成分的知识，你不能预测新复合实体(即与新媒介融合构成的新的媒介环境)的表现方式。基于你的因特网知识，你不能预测到万维网的出现，基于你的万维网知识,你也不能预测到所有的互联网资源,比如维基百科、iTunes、社交媒介和博客一个接着一个的出现。实际上,许多走红的网络应用软件并不是按照其最后浮现出的样子策划的。在设计之初,网络相册(Flickr)并不是照片应用软件,而是社交媒介,但由于创建者嵌入了很好的照片分享功能,闪客网使用就逐渐演化出了今天的形式。它之所以拥有我们今天所见的特征,那是原初的网站和用户的自我构建过程造成的。维基百科起步时邀请全球专家投稿,但由于它赋予用户输入信息和编辑的权利,它的自组织功能就使它成为今天的形态了。维基百科的文章就是由用户众创的。

麦克卢汉有一个论断很有趣:不仅是预测新媒介引进后出现的新特征和新模式是不可能的,而且大多数人并不能发觉新媒介引起的变革。除了艺术家,大多数人对变革全然是熟视无睹的,他们继续像新媒介出现之前那样行事,或者像使用旧媒介那样使用新媒介。"任何媒介都倾向于创造一个全新的环境……但除了艺术家,罕有人能识别其新形式。"(McLuhan, McLuhan, Staines 2003, p.67)

第六节 媒介即讯息,蝴蝶效应,布莱恩·阿瑟的收益递增观

我想说,麦克卢汉著名的"媒介即讯息"警语相当于混沌理论的蝴蝶效应和布莱恩·阿瑟的收益递增观。这三种现象的共同点是,环境的小变化加上一个正反馈回路就会导致重大的结构变化。爱德华·洛伦兹①发现,运用一个非线性的气象模型时,初始条件一个微小的变化可能会在模式预测中产生极其不同的结果。这就是混沌理论里的蝴蝶效应,其意思是说,亚洲一只蝴蝶翅膀的扇动可能会在堪萨斯州引起一场龙卷风。布莱恩·阿瑟挑战经济体制靠供求平衡的观点,他指出,市场的正面反馈即日益增加的关注能强化某些趋势,造成异常现象,比如某些产业集中在某些地方,例子有硅谷现象或圣迭戈的生物技术公司的云集。

麦克卢汉"媒介即讯息"的理念暗示,媒介的主要影响不是它传输的内容,而是它创造的环境,环境产生的效应大于构成其内容的"讯息"。就像一只亚洲蝴蝶扇动翅膀引起堪萨斯州的龙卷风一样,谷登堡用他原始的活字印刷机印制《圣经》就引起了一连串瀑布倾泻般的事件,随后的欧洲超大变革风暴,从科学革命、文艺复兴、宗教改革到民族主义、大众教育、大批量生产和工业革命。麦克

① 爱德华·洛伦兹(1917—2008),美国气象学家、混沌理论创始人,著有《混沌的本质》。

卢汉证明，他在书中展示的谷登堡星汉基本上是一个自组织系统①。

新媒介产生一种正反馈形式，类似布莱恩·阿瑟的经济学和收益递增观。你使用的媒介的组织模式成为反映你如何构建一种思想、信息的模型，甚至成为反映你如何构建一种社会和经济活动的模型。如果你接收的信息是那样的格式，你表述自己思想也用那样的格式；输出信息时，你自然也会用那样的格式。这只不过是布莱恩·阿瑟提出的收益递增观。另一个与收益递增观类似的例子是，儿童所操的方言是他们在家里听到的方言，虽然他们在学校里学的是标准的民族语言。

人类的媒介生态系统即媒介域（mediasphere）是麦克卢汉的研究对象，这个系统是一个自组织系统。对他而言，媒介包括人赖以互动的一切工具、技术和传播系统；媒介在人的物质环境、生物环境、社会环境和经济环境中起中介作用。人的一切工具、技术和传播系统组成的媒介域不是预先计划的——媒介域组织自己，像生物域（biosphere）一样演化，演化的机制是个体发明者和媒介使用者的互动。媒介域的演化和达尔文的继承、改变和选择是同一模式，生物有机体的演化都一样，因为每一种媒介、技术和工具都是以前某些媒介、工具和技术的某种组合。像生物域一样，媒介域没有终点。正如斯图尔特·考夫曼（Stuart Kauffman 2000）所描绘的那样，它不断探索邻近的可能性，和生物域一样，媒介域的复杂性继续不断地增加。

正如更复杂的有机体演化一样，生物域里较早的形式也保存下来了。同理，更复杂的传播形式出现以后，较早、较简单的传播形式比如口语、体姿、手势、铅笔和纸张也保存了下来。的确有一些媒介比如打字机和羽管笔消亡了，但它们又以另一种形式再现，就像恐龙灭绝但又演化为鸟类一样。打字机的键盘以计算机输入键盘的形式保存下来了。

我认为，麦克卢汉的媒介生态路径和布莱恩·阿瑟的经济学路径有相似之处。阿瑟的路径把收益递增观和经济是复杂适应系统的思想融为一炉。他的路径融合了复杂性和收益递增观，为了显示自己的路径与古典经济学路径的差异，阿瑟制表予以比较（原图见 Waldrop 1992, p.37）。

为显示麦克卢汉研究媒介的生态路径与布莱恩·阿瑟经济学的复杂适应系统路径的相似之处，我们在阿瑟的图表里加上自己的比较：麦克卢汉的媒介生态路径与早前用内容分析的媒介研究路径的比较。我们的比较和阿瑟原表的比

① 自组织系统（self-organizing systems），生物控制论的基本概念之一，一个系统在对外界发生事件的响应中，有自组织能力者称之为自组织系统。

较有相似之处。

解读以下列表时请注意：实线上的文字是旧经济学和新经济学（阿瑟经济学）的比较，是阿瑟原表里的文字。实线下的文字是旧媒介理论和新媒介理论（麦克卢汉媒介理论）的比较，是我加进去的。

表 3　麦克卢汉媒介生态路径与早前用内容分析的媒介研究路径比较

旧经济理论（新古典主义）	新经济理论（阿瑟的路径）
内容分析 收益递减观	媒介生态观（麦克卢汉的路径） 收益递增观
媒介独立观 基于 19 世纪物理学	媒介即讯息 基于生物学（结构、模式、自组织、生命周期）
基于 19 世纪文学理论 人人等同观	基于生态学、模式识别，突显理论 重点在个体生命；人们是分离的和不同的
信息接受者的同一性 倘无外在性，且人人能力相等； 我们人人都能上天堂	使用者即内容 外在性和差异性成为驱动力；无天堂； 系统不断展开
内容不受媒介影响 要素是数量和价格	媒介即讯息；媒介域不断展开 要素是模式和可能性
要素是语词和内容 无真正力度变化，一切均处平衡态	要素是模式和可能性 经济处在时间边缘； 向前冲，结构总是在联合、衰减、变化
无力度变化 内容独立于媒介 主题被视为结构简单	媒介域处在时间边缘； 向前冲，结构总是在联合、衰减、变化 主题被视为结构复杂
内容被视为结构简单，且独立于媒介 经济学被视为软物理学	内容被视为结构复杂，且独立于媒介 经济学被视为高度复杂的系科学
媒介研究即内容分析	媒介研究即复杂生态研究

麦克卢汉认为，一种媒介产生一种服务环境，为使用者服务。这个概念与生物域和经济域里的小生境(niche)建构概念有相似之处。一种新技术或新媒介的出现会创生出新环境或小生境，它起初会被用于服务或传送它正在取代的媒介内容。稍后，在使用者探索新媒介相近的可能性的过程中，新的内容形式浮现出来，并带有新媒介的新特征优势。汽车最初是无马的车厢，其功能聊胜于一匹马的功能。随着时间的推移，道路环境的服务和服务站点的出现，汽车就带上了许多新的功能，新功能就催生了高速公路、郊区、汽车餐馆和银行以及大型购物中心。

复杂适应性系统处在混沌边缘，这是稳定静态和高流动性混沌状态的边界。生活在混沌边缘的生物体必须繁衍自身的组织(Kauffman, Logan et. al. 2007)生活在这一分界线上，这是因为，如果生活在高度秩序化的地区，它们就会僵化，就不能调整，不能适应难免的环境变革，因此就会死亡。另一方面，它们也不能生活在混沌区域，因为它们会被过度的变化压垮，就不能保存自己的组织。

相邻的可能性处在混沌的边缘，生物体探索有序状态和混沌状态之间的这个隔膜。媒介域、技术域和经济域也是如此。如果文化或经济不处在秩序和混沌的边界上，它终将崩溃，或者被一种较强的文化或经济规则取代。如果它游荡进混沌的状态，它很快就会从内部崩溃。而如果它在有序的规则里逗留的太久，最终会被另一种文化或经济超越，因为它不能迎接对手文化或经济的挑战。

用内容分析法的传播理论家在有序的规则下运行，他们认为，内容不受媒介变化的影响。媒介生态理论在混沌的边缘运行，在这里它能驾驭由电力构成的信息的出现以及近年数字构成的信息的出现造成的快速变化的环境。

达尔文的继承、改变和选择进化简单模式是在对生物域、经济域和媒介域邻近可能性的探索中产生的。在这三个场域里，复杂性的水平在提高。在生物域里，复杂性一直在稳步提高，从原核细胞到真核细胞；从植物王国到动物王国；从无脊椎动物到脊椎动物；从鱼类到两栖类；然后到鸟类、哺乳类、灵长类、类人猿直到智人。在经济域，从狩猎和采集到农业和牧业，到工业化、电力信息时代，直到数字知识时代，复杂性的水平都在提高。媒介域里的传播系统也经历了复杂性水平的提高：从非言语的模拟传播到口语文化、手稿文化、字母表文化、印刷文化、电力媒介直到数字媒介。请注意，每个场域的复杂性不断复杂化和多样化时，先前比较简单的形式仍然存活下来了。所谓过时的意思是，它们不再占据支配地位，但它们并未消亡。

第七节　媒介、形式因和突显理论

我在上文指明，麦克卢汉研究媒介生态的路径预示了突显理论和复杂理论的来临。他从来没有用过突显理论和复杂理论的术语，但描绘自己的研究特征时称，他用了源自亚里士多德的形式因。形式因的概念是麦克卢汉研究路径的关键所在。他致信《公益》(*Commonweal*)杂志，就其对伊丽莎白·爱森斯坦①《作为变革动因的印刷机》(*The Printing Press as an Agent of Change*)的评论文章发表意见。他写到，"《谷登堡星汉》不进行我个人的价值评判，因为它涉及的是形式因果性和效应研究"(McLuhan, Marshall and Eric McLuhan, *Media and Formal Cause*, 2011, p.92)。

我在这一小节里论证，麦克卢汉所用的形式因概念更接近突显理论和复杂理论，而不是亚里士多德在《形而上学》第五卷里的形式因概念(形式因与质料因、动力因和目的因并举)。我还要证明，亚里士多德的四因说不能解释突显理论和复杂理论。有人说，亚里士多德预示了突显理论。我将展示，即使如此，那至多不过是弱突显理论，只不过是这样一个概念：总体大于部分之和，也许这不过是最弱的突显理论。

埃里克·麦克卢汉以他的信誉汇集了一组很好的文章，他父亲三篇，他自己一篇，集结在一部名为《媒介与形式因》的获奖书里。兰斯·斯特拉特在序文中写到，"埃里克·麦克卢汉向我们呈现的无疑是一位非亚里士多德学派的亚里士多德，是和普通语义学一致的亚里士多德"(MFC, p.3)。"埃里克在他自己介绍此书时写道："当非正式地谈'有关'形式因时，这篇文章对它的分析很有效能，期待接下来的讨论。"我赞同兰斯和埃里克的观点，而且想指明，麦克卢汉父子所用的形式因是地地道道的非亚里士多德形式因，他们的形式因与突显理论和复杂理论关系密切。

我绝对无意挑战麦克卢汉所用的形式因，不挑战其有用性、有效性或适当性，而是有意丰富他们父子二人在《媒介与形式因》一书中有关形式因的会话。我认为，他们父子二人在四篇文章中对形式因的应用和从中获得的意义以及对《媒介与形式因》书的介绍更接近突显理论概念，而不是亚里士多德原来的定义。

我们讨论的基础是亚里士多德《形而上学》第五卷对形式因的描绘。我们将看到，这里的形式因与麦克卢汉确认的形式因迥然不同。亚里士多德对其形

---

① 伊丽莎白·爱森斯坦(Elisabeth Eisenstein)，美国史学家、传播学家，传播学媒介环境学派第二代代表人物，代表作为《作为变革动因的印刷机：近代欧洲的历史》。

式因做了这样的描绘：

> “原因”意为：(1) 在一定意义上，原因是由于某物存在而引起另一物存在——比如雕像之铜和杯子之银，以及包含铜和杯的原型（即质料因）；(2) 在另一种意义上，原因是形式或模式，即包含它的基本公式和原型——如比率2∶1，一般来说，数字是八度音阶的起因——以及公式的各部分（即形式因）；(3) 初始变化或其余变化的源头——比如，做计划的人是起因，父是子的起因，一般地说，生产者是被生产物的原因，变化这是被变化的原因（即动力因）；(4) 与“结果”同义，即终极的原因——比如，步行的“结果”是健康。人为何走路？我们回答说“为了健康”，这样说时我们考虑的是：我们提供了原因（目的因）；(5) 一切达到结果的手段，结果是由另一物刺激产生的——比如减肥、洗肠、药物和器械是健康的原因，因为这些手段都将结果视为目的，虽然这些手段彼此不同，有些是器械，有些是行为（即必要条件）。（Aristotle in 23 Volumes, Vols.17, 18, Harvard University Press 1989）

至于我个人，我觉得迷惑不解的是，人们讨论麦克卢汉媒介研究里因果颠倒、外形背景互动的特征时，为什么竟然想要考虑亚里士多德的形式因。实际上我不解，在我们时代讨论因果关系时，为什么竟然要涉及亚里士多德。我无意对他不尊敬。亚里士多德是一位很好的哲学家、伟大的戏剧批评家、伦理学家和修辞学家，生物学也不错，但他的物理学并不好，既然如此，为什么要拽进他的因果关系模式呢——尤其是在讨论媒介效应或突显理论的时候？我大惑不解。容我描绘亚里士多德物理学的一些严重错误。比如他写到，如果在行进的船的桅杆上丢下一个球，它就会掉在桅杆的后面，即与船行相反的方向。如果他本人亲自做了这样的实验，或者他叫人爬上桅杆丢下一个球，他本来可以发现自己错了，但他没有这样做。他还称，物体若要运动，它就需要一个力不断推动。他又一次错了，因为他缺乏惯性知识。倘若他真的观察过行进中的船桅上掉下的球体，他本来是可以发现惯性的。与其说他是经验主义者，不如说他是理想主义者，既然如此，我们为什么还要信赖他议论因果关系呢？

在我看来，由他和柏拉图强调理性主义，贬低经验主义阻碍了物理学之类的经验科学发展达两千年之久。亚里士多德及其时代的数学家不能构想“零”或真空的概念，因为他们接受巴门尼德①“非存在”不可能存在的概念，巴门尼德的

① 巴门尼德（Parmenides，约前515—前450），希腊哲学家、爱利亚学派创始人、存在哲学代表，认为思想和存在是同一的、不生不灭、不动的、单一的；承认理性的真实性，否认感觉的可靠性，认为只有理性才能认识真理，认为“非存在”是不存在的；反对赫拉克利特变化的观点，认为创造（从无到有）和毁灭（从有到无）是不可能的；著有《论自然》。

意思是,什么东西都不能变化。他说,如果某物从 A 状态变为 B 状态,那么 A 就是"非存在";既然 A 不能变,因此什么也没有变。巴门尼德的态度变成了亚里士多德的宣示:自然拒绝真空。

除了亚里士多德的上述错误外,自他那个时代以来在对因果关系的理解方面发生了很多事,使他的因果关系论述过时了,表现在以下几个方面:

(1) 让·比里当(J. Buridan)的著作颠覆亚里士多德物理学,他引进惯性的前身动能(impetus),取代了亚里士多德运动需要一个力不断推动的观念。

(2) 牛顿新物理学及其运动定律的兴起,于是你可以说,自然成了动力因,自然律成了形式因,自然因素成了质料因。对牛顿和其他有神论者而言,目的因或自然的目的是上帝的荣光。对自然神论者和无神论者而言,没有目的因或没有目的,自然就是那样的。这个立场和今天突显理论者的立场类似,一些突显理论者好比是现代的自然神论者。我就用这样的方式来描绘我的朋友斯图尔特·考夫曼(Stuart Kaufman 2010)及其在《重塑神圣》(*Reinventing the Sacred*)里的立场。

(3) 场概念的兴起,这是用来描绘电磁互动及相关方程的概念,是非线性的概念。场概念是麦克卢汉理解媒介效应的重要概念。

(4) 爱因斯坦提出的相对论揭示,绝对时空不存在,物体创造自己的空间。麦克卢汉直接借用这个概念并断言,技术创造自己的环境。

(5) 量子力学的表述,在原子和亚原子层次,因果关系消失,因而不存在形式因,也不存在其他原因。麦克卢汉善于运用量子力学,提出了自己声觉空间里共鸣间隙的概念。

(6) 突显理论和复杂理论的兴起。这两种理论认为,因果关系是非线性的,不是动因的产物。虽然这两种理论很大程度上是麦克卢汉去世后才兴起的,但在他之前和在世期间,已有一些突显理论的早期论述。

据此,我们有必要问,亚里士多德的四因说对今天有多大的现实意义,与理解突显理论和复杂理论的自然科学和社会科学有多大的相关性呢?亚里士多德的四因说是一种左脑分类图示,没有动态的意义。

我认为,麦克卢汉利用形式因的方式更接近于突显理论的概念,而不是亚里士多德的形式因表述:"形式或模式,即基本公式和含有'因'的种类。"为了支持我这一断言,请看麦克卢汉在《媒介与形式因》中三篇文章里描绘的形式因:

> "……形式因果关系(formal causality)总是受众。"(MFC, p.10)
>
> "……形式因或公众本身总是处在感知的流动中。"(Ibid.)
>
> "……形式因总是在结果中揭示自己。"(MFC, p.77)

他还写到，"艺术必然总是从效应着手。换句话说，艺术必须从形式因着手，从考虑观众着手"（MFC，p.79）。

他还说，"因果同时呈现（MFC，p.46）"，"由于电力加速度，结果瞬间和原因融合在一起（MFC，p.28）。"他还宣示，"当任何过程的时机成熟时，作为背景的结果走在作为外形的原因之前"（MFC，p.43）。

马歇尔·麦克卢汉致信阿什利·蒙塔古①，"我觉得必须把原因看成是随后的结果。电报的结果是创造一种信息环境，使得电话得以完美自然地发展（MFC，p.4）。一种新技术创造一种环境，其他事物在这里生成。这就是突显理论的一种形式——一种技术创造使其他事物得以在这里发展。"

麦克卢汉把外形和背景颠倒与他把因果颠倒密切相关。"我从背景着手，而他们从外形着手。我从结果开始，倒回去看原因。"正如因果密切联系一样，外形与背景（即环境）密切相关，外形在背景（即环境）里运行。两者的互动是非线性的，虽然这样的互动有因果关系，但两者互动的直接结果是难以预测的，实际上两者的互动从未停止变化或演化，换言之，外形与其背景（即环境）永不会处于平衡态。外形被背景改变，外形生成背景，外形与背景的动态互动永不会终极消退。互动中出现的新特征是突显的，意思是说，你不能提前预测他们。表演者和观者之间存在外形/背景关系，表演者的角色是外形，观者是背景，两者的关系也是突显的。麦克卢汉（MFC，p.10）意识到两者的关系。他写道："我发现，形式因总是观众。我读阿瑟·米勒②"的文章时，突然悟到这个道理。文章谈他的公众的消失：《1949，分崩离析的一年》（New York Magazine，January，1975）。"

在1975年6月19日致约翰·卡尔金的信（MFC，p.130）里，麦克卢汉就他对形式因的理解及其在他对媒介效应的探索所起的作用进行了小结。

> 我意识到，在一切艺术和表达题材中，受众都是形式因，换言之，堕落的人是化身的形式因。柏拉图的公众是他哲学的形式因。形式因涉及的是结果和结构形式，而不是价值判断。
>
> 我对媒介的研究完全源自于形式因。因为形式因是隐蔽的、环境的，它们会对它们环境领地里的任何间隙和接口施加结构压力。形式因总是隐蔽的，而受形式因作用的对象则是可见的。

埃里克·麦克卢汉分享他父亲的形式因概念："在因果关系中，即将来临的

① 阿什利·蒙塔古（Ashley Montague，1905—1999），美国人类学家，批判种族主义，1950年任联合国教科文组织《种族问题》特别报告员。

② 阿瑟·米勒（Arthur Miller，1915—2005），美国剧作家，代表作有《推销员之死》《萨勒姆的女巫》《福星高照的人》，20世纪80年代在中国演出成功，著有纪实文学《中国奇遇》。

事件在自身前面投射阴影，极其神秘……它应付环境进程，而这些进程是无序的，它们让任何来抓住它们的企图受挫。”（MFC，p.7）埃里克基本上是在描绘突显现象，它也是极神秘，无序列，瞬间和迷惑性的。有一个迷惑源是你不能预测，突显系统如何最终实现自组织。强突显迷惑许多物理主义派（physicalist）的科学家使他们相信，一切现象包括生命、智能和许多精神现象都能还原为物理学。

上列引语就是我们搜集麦克卢汉父子有关形式因的隐而不现的定义，其中还包括信息接收对象、结果先于原因、因果同时的定义。这些定义无一符合亚里士多德的定义：形式因即“形似或模式”，但它们的确含有突显的意义。强突显系统是许多成分组成的复杂系统，成分通过非线性动态机制相互作用，并自组织成复杂系统，这个复杂系统具有其成分不曾有的新特征。虽然创造突显系统的互动有因果关系，但基于你对于其成分的知识，你仍然不可能预测系统的行为或特征，也不能把系统的行为或特征还原为其成分的行为或特征。突显系统影响它突显的成分，这就是所谓的自上而下的因果关系。与此同时，由于动态机制的非线性，分离原因和结果又是困难的，麦克卢汉论及原因和结果融合甚至原因在结果之前时，就暗示了这样的困难。此外，麦克卢汉把形式因与外形/背景联系起来，这也暗示突显系统成分互动的非线性。

我论及形式因和突显理论的关系或相似之处，全盘接受麦克卢汉父子的结论。不过我认为，我提出的突显理论关系提供了形式因的另一个维度——他们两人都可以利用这个维度。

我搞这样的综合的动机之一是，我感觉到，严格地说，麦克卢汉的因果颠倒以及他对因果同时性的确认并不是亚里士多德的形式因，而是突显系统的动态机制。我认为，突显理论和麦克卢汉的形式因研究之间的不同多半是语义上的。麦克卢汉踏上突显理论的路径，但在20世纪五六十年代当他最初发展他的思想时，他没有表达这一思想的语汇。麦克卢汉的因果颠倒论并不必然地符合亚里士多德形式因的概念，但它非常肯定地预示着突显理论的到来。

我们把麦克卢汉因果颠倒或因果同时的概念与形式因联系起来，其暗示的是，亚里士多德的因果概念仍然是有效的，我们有必要把麦克卢汉闪光的因果颠倒和因果同时论述放进亚里士多德的形式因框架。实际上只要想一下亚里士多德在物理学上犯的错，他对因果关系的描述就存在短板，即他把理性主义置于经验主义之前，我们在上文已经予以指出。

埃里克·麦克卢汉放弃用质料因和目的因来解释麦克卢汉原因跟随结果的论断。他接着写到，“形式因就讲到这里，它是千百年来论战的课题。谁也没有真正肯定它究竟是什么——处在还未获得的状态”（MFC，p.5）。我觉得相当肯定的是，麦克卢汉所用的形式因正是突显理论，只不过用了另一个名字而已。

突显理论含有因果同时发生的意义。突显系统不是由一个动因创造的，因此，它不是亚里士多德意义上的动力因，突显系统的成分是自组织的，而不是由某一动因根据计划或形式（因而不是亚里士多德意义上的动力因）组织起来的。也许我们可以把自组织过程称为突显因（emergent cause），因为终极系统的形式是在系统成分非线性互动和自组织的过程中浮现出来的。这里没有亚里士多德意义上的目的因，因为没有任何带目的的动因。系统的目的就是系统本身。生命的目的本身就是一种突显现象，是生命的繁衍，也就是其自组织的繁衍（Kauffman, Logan et al. 2007）。因此我们看到，在自组织突显系统里，在系统根据自组织模式创造自己时（换言之，系统是自己的动力因），动力因、形式因和终极因崩溃，就是说，其形式因和唯一目的（即终极因）是繁衍自己的组织。在亚里士多德的四因里，唯有质料因留下来。从这段论述我们看到，亚里士多德的形式因和突显理论的联系不是很得力的，相反，在麦克卢汉的因果颠倒和因果同时发生与突显或突显因之间，关联度很强。

我做了这一番议论，指出其中的联系，旨在更好地理解麦克卢汉所谓的形式因。我认为，他这个形式因最好描绘为并理解成突显因。他这个概念使他的研究更紧密地与影响他的诺伯特·维纳①和路德维格·贝塔朗菲的思想联系在一起，与斯图尔特·考夫曼、亨伯特·马图拉纳、弗朗西斯科·瓦雷拉②、布莱恩·阿瑟、约翰·霍兰德③和圣塔菲学派联系在一起。

第八节　形式因严格限制在人事范围里吗？

按照克利福德·格尔茨④（1973, p.8）的定义，人类文化是人类行为的模式。与生命的例子一样，人类文化的目的就是其组织的繁衍。虽然文化含有许多不同个体的人，但总体上控制文化的动因是不存在的。和生命有机体一样，文化是自组织突显系统的一个例证。

埃里克·麦克卢汉声称，“我们所谓的媒介四元律使新亚里士多德跟上时

---

① 诺伯特·维纳（Norbert Weiner, 1894—1964），美国数学家、美国科学院院士，控制论创始人，获国家科学勋章，著有《控制论》《人有人的用处》等。

② 亨伯特·马图拉纳（Humberto Maturana）和弗朗西斯科·瓦雷拉（Francisco Varela），智利认知科学家，提出自创生理论。

③ 约翰·霍兰德（John Holland, 1929— ），美国心理学家、遗传算法之父。

④ 克利福德·格尔茨（Clifford Geertz, 1926—2006），美国人类学家，提出解释人类学，著有《文化的诠释》《伊斯兰观察》《巴厘岛的亲属关系》等。

代，同时又分析形式因，这是首创。因为这个四元律只适用于人的话语和人造物，顺理成章的是，形式因只限于人事范围。换言之，我相信这一点至关重要，没有了人的动因或智能，根本就没有什么形式因"（MFC, p.123）。

埃里克·麦克卢汉认为，形式因严格限于人的活动；突显系统并没有这样的严格限制，亚里士多德生物学理论里的形式因并没有这样的限制。乍一看这似乎对我的判断提出挑战：我认为，麦克卢汉的形式因等同于强突现理论。如果我们把麦克卢汉的形式因延伸到非人事范围，我们就可以维持突显理论与形式因之间的同形性。让我们稍事驻足，思考生物进化和结果先于原因的概念。麦克卢汉说，电报的效应是电话产生的原因。用达尔文主义的话说，我们可以将这个观点重新表述为：电报是达尔文主义电话的预适应。其他例证不胜枚举——麦克卢汉用非达尔文进化语言指出，印刷机是大批量生产和装配线的预适应或形式因，计算机和电话机是互联网的预适应，互联网是万维网的预适应，万维网是谷歌（Google）、YouTube、脸书（Facebook）和推特的预适应，如此等等。生物学里的类比很强劲。昆虫所用的降温机制是飞行的预适应，鱼鳔使鱼适应深水潜游，这是肺脏的预适应，肺脏又使动物能在干燥的陆地上栖居。在这些例子里，我们看见生物进化中结果先于原因的顺序。

这些生物学例子都是强突显理论的例子，与此同时，它们又满足麦克卢汉标记的因果颠倒的形式因。这些例子都满足达尔文的预适应定义，我们还可以进一步延伸这样的类比。达尔文的预适应是不能预测的（Kauffman, Logan et al. 2007），这也是强突显的特征，强突显系统既不能还原为系统的成分，也不能源自于其成分，亦不能靠其成分来预测。这个道理也适用于技术进化。人们不能预测，印刷机会导向装配线和大规模生产，谷登堡时代的人也不能预料尾随谷登堡印刷机而起的个人主义、通俗文学、民族主义、文艺复兴和宗教改革（McLuhan 1962）。如上所示，谁也没有预料到互联网各种应用的兴起：万维网、谷歌、Flickr、脸书、YouTube、iTunes、NetFlix、推特等数十种应用产品。最后我断定，强突显相当于麦克卢汉界定的形式因，与亚里士多德界定的形式因相对。

鉴于媒介是使用者的延伸，结果自然是，媒介和使用者的互动就是非线性的，使用者和工具的协同进化就是突显的。这一理念有时表述为"我们形塑工具，工具又反过来形塑我们（并非麦克卢汉的表述，而是他借用卡尔金的表述，但人们常把这一段话归到他头上）。塑造人的正是我们的工具和技术。使类人猿与智人和现代人区分开来的是我们工具和技术的精致。数字技术不会使我们成为后人类，就像电力技术、机械装备、莫斯特手斧甚至更原始的阿舍利手斧不会使我们成为后人类一样。实际上是手斧的发明和使用使我们成为人，把我们与类人猿祖先区别开来。

强突显是生命起源的方式，也是气象模式形成的方式，因此，自从我们的行星形成起，强突显就是地球历史的一部分，早在人类认识它之前就存在了。直到电力/数字时代，人们才意识到强突显已经并正在地球历史和地球生命中发挥作用。只有数字构成的信息，特别是个人电脑才使我们意识到强突显、复杂理论和有关蝴蝶效应的混沌。强突显起初使许多科学家困惑，他们觉得这是个很难考虑的概念，拒不接受者至今不乏其人。同理，类似抗拒麦克卢汉因果颠倒、外形背景颠倒概念者，至今不乏其人。互联网的到来使他们对麦克卢汉的抵制有所放松，因为他预示并预测到我们数字世界的许多发展趋势，至于他的突显理论，还是有不让步者。

第九节　本 章 小 结

埃里克·麦克卢汉提及他父亲对“各种因果关系”(MFC, p.8)的兴趣。突显就是其中之一。它取代牛顿因果关系，牛顿因果关系概念的应用范围非常受限，比如，它仅限于说明太阳系行星绕太阳运行和钟摆的摆动。牛顿的因果关系说的是连接，而麦克卢汉认为，连接的概念在电力时代并不适用：“连接不是原因，而是中断……对因果关系缺乏兴趣的现象在新的生态时代难以维持了。生态学不寻求连接，而是寻求模式。”(MFC, p.8)生态系统是非线性的突显系统，描写它们的最佳方式是模式，而不是生态构成的每一个成份的具体行为。麦克卢汉描绘的是突显现象，而不是通常的因果关系。说到父亲以上引语的生态路径时，埃里克写道：“也许，生态路径对我们主题的显著贡献是发现，形式因与背景—情境即环境的相一致性。”(MFC, p.9)形式因与背景—情境即环境的关联等于是说，它相当于突显现象，这支持我的观点：麦克卢汉父子界定和使用的形式因是另一个名字的突显现象。这强化了我的论点：形式因和突显现象是一个硬币的两面。形式因换上另一个名字比如突显，用来描绘因果颠倒或因果同时的观点会同样有效吗？我看是的！

致谢

我想感谢，本章后半部的媒介、形式因和突显理论等几个小节受到几个文件的启发：媒介环境学会通讯上的《形式因再次被杀》(“Formal Cause Murdered Again”)尤其埃里克·詹金斯(Eric Jenkins)的帖子，当然还有埃里克·麦克卢汉编辑的论文集《媒介与形式因》。

第五章

麦克卢汉是严肃的学者吗?

麦克卢汉不仅是学者——他还是社会批评家、社会改良家、未来学家和教育家。你甚至可以说,他是幽默家。(Louis Forsdale 1988, p.175)

我的传播研究是对转换的研究,而我所了解的信息论和一切现存的通讯理论是对运输的研究。(McLuhan, McLuhan, Staines 2003, p.230)

有关麦克卢汉对传播行为研究的重大问题之一是:人们无法将它归类。他是哲学家、诗人、社会学家、历史学家、流行文化评论家、预言家、批评家吗?甚至是否政治顾问?他把所有这些特色集于一身,同时他是非正统的方法论学者。他也尝试界定自己的方法,有一句话成了他不假思索的回应:“我探索事物。”尽管他率直地告诉人们,他的风格来自于象征主义诗人,这对大多数人几乎没意义。在《纽约时报》1966 年的一篇报道引用了他的一句话,大概是出于绝望吧:“人们读我的著作时犯下大错,他们觉得我好像在说什么。我不想让他们相信我。我想要的是他们自己思考。”人能这样率直吗?然而,你又可以从他那句话里挑选你想要的东西。你可以从前半句撷取这样的意思:“啊哈,他承认他没说什么。”或者,你可以强调后半句,引向这样的意思:“这正是优秀教师的做法,他们鼓励思考。”

麦克卢汉洞察到被他叫作新的媒介隐含在若干不同学科里,而这些学科里的所谓专家对此无动于衷。他是一个严格而不妥协的批评家,被他批评的人就耿耿于怀。面对他的嘲笑,他们怎么能感到好受呢。他说过诸如此类的话:“专家知道越来越多的有关越来越少的事,直到他知道有关没有的一切。”除了对时代的事件和趋势进行锋芒犀利的分析和他对我们时代的许多预示和预测,麦克卢汉还向他那个时代的专业化发起攻击,筚路蓝缕,开拓了跨学科和多学科学术研究,使之被人接受,并越来越成为规范。

麦克卢汉出色地描绘了电力和电子大众媒介引发的革命。仿佛这还不够,他还预言并描绘了数字媒介的下一场革命,尽管他生前没有机会看到这一场革命。

跟他类似的只有牛顿、达尔文、弗洛伊德和爱因斯坦取得这样令人瞠目的成就。尽管他的成就不可思议,还是有人否定他赢得的尊敬。这是因为他用高度的概括和夸张,意在激发思考、唤醒社会,使人们看见自己正在经历的巨大变革。

荒谬的是,他的名气成为累赘,阻碍学界严肃对待他的成就。1968 年至 1973 年的电视节目《与我笑》中的搞笑桥段,从窗口伸出头的喜剧演员总是要说一句俏皮话,比如"让我开开眼界,宝贝!""真的,我用脑袋打赌!"一句常用的搞笑话是"马歇尔·麦克卢汉,你在干嘛?"在许多学界同仁的心里,名气加幽默削弱了他作为学者的意义。20 世纪 70 年代后期和 80 年代,他的名气大降。然而,由于互联网的到来,新一代的学者不像麦克卢汉同时代的人那样受拘束,他被重新发现,名气就得以恢复了。

第一节　麦克卢汉与伊尼斯的关系

有批评家暗示,麦克卢汉的思想都不是自己的,基本上,他做到的一切大体上是普及哈罗德·伊尼斯的思想而已。伊尼斯是多伦多大学的政治经济学教授,写了两本重要的传播学专著《帝国与传播》(*Empire and Communications*, Innis 1950)和《传播的偏向》(*The Bias of Communication*, Innis 1951)。这两位传播学巨人的关系比这些批评家暗示的更加复杂。

首先应该说明,麦克卢汉总是承认他欠伊尼斯的。在哈罗德·伊尼斯 1972 年版《传播的偏向》序言里,他写道:

> 我乐意把自己的《谷登堡星汉》(University of Toronto Press, 1962)看成是对伊尼斯先是书写,后是印刷术带来的超自然的和社会的后果这样的主题的观察做脚注。伊尼斯曾给我的作品一些指导,能受他关注,我倍感荣幸。于是生平第一次找他的著作来读。从第一篇《米涅瓦的猫头鹰》开始读,那真是我的福分。撞见了这样一位作家,他的话使我陷入长久的沉思和探索,那是多么激动人心啊!(McLuhan 1972, p.ix)

在 1973 年 12 月 20 日致威廉·瓦姆塞特(William Wamsett)的信里,麦克卢汉同样承认他欠伊尼斯的。"我通过新批评进入媒介研究,不过哈罗德·伊尼斯的《传播的偏向》给了我格外的推动。"

麦克卢汉和伊尼斯在仅在 1949 年至 1952 年间彼此相知,看到伊尼斯 1952 去世至。可以肯定的是,伊尼斯使麦克卢汉转向传播学,当然是真的,但麦克卢汉影响伊尼斯,尤其影响伊尼斯的文风,这也是真的。麦克卢汉钦佩伊尼斯的著作,他对一位同事说的话可以为证。"伊尼斯研究技术的影响,2400 年来仅此一人,这确实令人吃惊,因为有机会从事这种研究的了不起的思想家真是太多了。研究文字对人的影响,或任何东西对人的影响,唯有他一人"(McLuhan,

McLuhan, Staines 2003, p.273)麦克卢汉受到伊尼斯重大的影响,但在涉及传播媒介对个人的影响,尤其对使用者感知系统的影响方面他又超越了伊尼斯。与伊尼斯相比较,麦克卢汉更多地聚焦于电力媒介的影响,而伊尼斯则倾向于把重点放在文字对古文明的影响。伊尼斯聚焦的媒介观点是帝国经济的主题,这和他政治经济学研究是平行发展的。在政治经济学研究中,他考察大宗商品对加拿大经济的冲击,其经典作品有《加拿大皮货贸易:加拿大经济史导论》(*The Fur Trade in Canada: An Introduction to Canadian Economic History*, Innis 1977)、《鳕鱼业:一部国际经济史》(*The Cod Fisheries: The History of an International Economy*, Innis 1940)。

伊尼斯(1950 & 1972)称,使用便携书写材料的社会容易开疆拓土,建立空间辽阔的帝国,但却维护不长。这样的帝国总是在变。使用笨重书写材料,比如石头或粘土的社会在空间上不广大,时间上却久远,因为它们在维持传统上倾向于保守。罗马人的社会是基于羊皮纸的征服性文化,埃及人和两河流域人的社会是保守的文化,他们分别使用石头和粘土。

无疑,伊尼斯(1951 & 1972)有关轻便媒介提供空间优势的概念对麦克卢汉地球村的观念产生了影响,对麦克卢汉与地球村相关的电信冲击的思想也产生了影响,因为电信是以光速传播。在麦克卢汉看来,这样的空间优势把地球缩减到村落的规模——"地球村"。伊尼斯对麦克卢汉的另一种可能影响,麦克卢汉坦承,在他媒介研究中,不再是以一种观点运作。

> 伊尼斯的研究方法为之一变,他从"观点"出发的方法转到"界面"的方法,以生成洞见。相比而言,"观点"仅仅是审视的方法,而洞见是对复杂互动过程的突然顿悟。(McLuhan 1972, p.viii)

伊尼斯对麦克卢汉的另一个影响是历史是研究媒介效应的实验室的观点。

> 伊尼斯发现把历史情境当作实验室的方法,借以检测技术形塑文化的特征。伊尼斯告诉我们如何把文化和传播的偏向当作研究工具来使用。他把注意力指向文化中的主导形象和技术的偏向与扭曲力,借以显示如何去理解文化。(ibid., p.xi)

麦克卢汉认为,若要理解未来的可能性和新技术的影响,那就需要理解历史。他提出后视镜的暗喻,借此,我们回眸即将掠过身边的过去,就能展望未来。

麦克卢汉超越伊尼斯的地方是,他关心媒介对感知系统的冲击,对媒介使用者个人感知的冲击。由于他接受的训练和他的研究是文学批评,他关心的是,艺术家想要对观赏者产生什么影响。他把这样的关心与伊尼斯对媒介冲击的研究结合起来,糅合成一个代表他观点的概念:媒介即讯息。换言之艺术家想要在接受者身上产生的影响既取决于传播的内容,又取决于传播的媒介。伊尼斯把政治经济和历史带进传播研究,麦克卢汉给传播研究加上了文学批评和艺术批评。麦克卢汉看重艺术家和诗人的洞察力和方法,尤其温德汉姆·刘易斯、詹姆斯·乔伊斯和埃兹拉·庞德的洞察力和方法。他把他们的研究路径融入自己的媒介研究了。

麦克卢汉超越伊尼斯的另一条路径是,他对电力媒介冲击的描绘详细得多、丰富得多,尤其是对电视的描绘,某种程度上对电脑也是如此。毕竟,伊尼斯去世后,麦克卢汉还在世二十八年。不仅如此,他对电力媒介似乎有更好的直觉把握。

和伊尼斯不同,麦克卢汉更关心媒介对人心理的冲击,即对感知和行为的冲击。他还提出这样的概念:工具是人体和传播的延伸,媒介是心理的延伸。

伊尼斯关心传播对人类群体的冲击,而麦克卢汉关心媒介对个人或使用者(他喜欢称个人为使用者)的冲击。1963年,他在研究所开设的研究生课里把媒介描绘为"人造环境",这些环境"利弊同在,塑造使用者的知觉"。

> 使他今天仍然新鲜和重要的是这样的事实……他总是把焦点放在社会里的个人身上,而不是放在社会大众这个实体身上。马歇尔拥抱个人——那是诗意的、艺术的、高度人性化的拥抱,这就使读者(过去和现在的读者)进入他的世界。(Coupland 2010, p.142)

尽管麦克卢汉在伊尼斯的书里发现大量价值连城的东西,但他并非总是在媒介问题上与伊尼斯持相同的观点。麦克卢汉坚称,商务、政治和宗教组织集中化的模式曾经是工业时代的特征,但随着电力时代的到来而发生逆转:"电力信息提供瞬时数据,组织的所有成员能平等地获取这样的数据,无论其在等级系统里处在什么位置。对一个组织的外部影响,瞬时信息的事实意味着完全的非中心化。"(McLuhan 1988, p.67)

麦克卢汉认为,电力技术必然使传播和其他社会模式非中心化,伊尼斯不同意这个观点。这一分歧也许是这两位学者最严重的分歧。伊尼斯把广播看作是促进集中化力量。"广播在广袤的地域内发出诉求,克服阶级学习文化的差别,广播偏爱集中化的官僚主义"(Innis 1951, p.82),麦克卢汉不同意这样的评估。"这是他对技术无知的一个很好的例子(对人自己最重要的发明的影响的无知),广播和电力技术是机械技术模式的进一步延伸,在这个问题上,伊尼斯错了。"(McLuhan 1972, p.xii)

麦克卢汉对伊尼斯的批判有道理吗?在伊尼斯和麦克卢汉思想活跃的时期,广播电视以中心化的模式运行。从这个意义上说,麦克卢汉的批评是没有道理的。彼时，广播电视中心化的运行模式是由经济原因决定了有限的频道数量。有线电视、光纤、通信卫星、付费电视、可视图文出现以后，互联网使电视频道和电视服务大大增加，已促使广播电视的运行非中心化。

电视管理机构已体验到管理这个昔日高度中心化的产业的困难，因为新的传播频道大量滋生，在互联网管理者已放弃了管理。YouTube 在某些方面正在以电视的方式运行。因此，从长远看，麦克卢汉的批评是有效的，因为当前的广播电视的中心化播放模式不再控制广播电视了。有线电视切入了网络垄断的方式就是最好的说明。

伊尼斯和麦克卢汉在集中心化问题上的矛盾是侧重点的分歧。伊尼斯聚焦于电子传播的硬件，这方面曾经是而且今天仍然是中心化的。而麦克卢汉更关心软件或信息流，这是非集中心化的。就计算机网络而言，类似的硬件中心化和信息非中心化也是真实的，在计算机网络里，总是有一台中央计算机即服务器，因此就有一个信息库。与此相反，个人电脑的网络或万网之网的互联网却是完全分散的。微电脑在教育界的革命效应将是他们分散的草根使用的结果，是个人电脑通过互联网联网的事实；在互联网上，每个使用者都处在全球网络的中心。微电脑之前，中央式的大型计算机至少已用了 10 年，它们对学校几乎没有产生什么影响。另一方面，个人电脑和互联网正在改变教育的面貌。

第二节　麦克卢汉的反学术偏见和学界的反麦克卢汉偏见

从获得博士学位起直至去世，尽管马歇尔·麦克卢汉一直是一个教授，但他并不把他自己看成是学术界的一部分，心里鄙视埋头做学问的人。1970 年 7 月 6 日致基奥①的信即为证明。

> 我不是"文化批评家"，因为对给文化分类的事，我没有丝毫的兴趣。我讲究的是形而上，我感兴趣的是形式的生命及其令人惊叹的形态。这是为什么我对学术界没有丝毫兴趣和对将经验整理得井井有条没有丝毫的兴趣。我希望，你不要玩他们那套游戏，折腾到他们那个模式里去。(Molinaro, McLuhan, C. & Toye 1987, pp.412-413)

除了他的忠实粉丝，学界主流和麦克卢汉之间没有感情。许多学人排斥他的原因之一是，他经常抨击学界人士，以下《媒介即按摩》的引文足以为证：

① 基奥(J. G. Keogh, 1937—)，在多伦多大学求学期间曾任麦克卢汉助手，从此过从甚密。

> 专业精神是环境的,业余爱好是反环境的。专业素养把个人融入整体环境的模式中。业余爱好寻求发展个人的整体意识,以及对社会基础规则的批判意识。业余爱好者输得起。专业人士的倾向是进行分类,搞专门化,不加批判地接受环境的基础规则。由同事的集体回应形成的基础规则构成无所不在的环境,专业人士对这样的环境不知不觉、心满意足。"专家"是呆在原地不动的人。(McLuhan and Fiore 1967, p.93)

在对学界的偏见上,麦克卢汉和伊尼斯有共同之处,伊尼斯写道:

> 讲话结束前,我们可以提请大家考虑口头传统的作用,这个传统打下的基础使我们能够恢复对至关重要的问题的积极讨论。鉴于此,我想对大学作一评估,老师和学生活得都还好,都还是人类……这是事实。我们必须记住,大学的作用是有限的。我们要记住这样一句话:"科学的全部历史,就是学者和大学抵抗知识进步的历史。"(Innis 1951, pp.32 & 194)

麦克卢汉不仅批判高等教育,而且取笑他的同事,而这些人大多数是专家。"专家绝不犯小错,然而他走向的目标却是绝大的谬误……在教育中,课程分科的传统划分法与中世纪各级学校中'三艺''四艺'分科一样①,在文艺复兴以后就已经过时了。"(McLuhan 1964, pp.124 & 301)对此他们从未原谅他,学界人士不喜欢他,觉得有必要免去对他的学术待遇,这难道奇怪吗?他批判旧课程设置,批判学科的部门分割。他敲响警钟,要学界人士直面自己过时的可能性,以下这段话就做了这样的暗示。

> 我们新的担心是知识相互关联而产生的转变,过去课程表中的各门学科是彼此隔离的。部门割据的独立王国在电速的条件下,像君主制一样地冰消雪融了。(McLuhan 1964, p.47)

传统学界被他对探索的喜爱困扰,因为他一些探索的言论被证明是不正确的。而麦克卢汉和其他学者不一样,他并不试图掩盖自己的失败。许多同事认为,这让他付出了代价,因为学界人士彼此评价时,常常不是根据成就,而是根据一个人的错误和失败。学界血腥的竞争是要证明,别人的思想大错特错了。麦克卢汉随心所欲的风格和高度的概括使有些学人不舒服,这使他容易成为被攻击的靶子,他们可以抨击他不那么准确的探索。虽然麦克卢汉的许多概括牵强附会,但它们总是含有真理的内核。对他而言,一半的正确就是很正确。传统的学人看到的绝不会是半满的玻璃杯,而是半空的玻璃杯。在麦克卢汉高度概括

---

① 欧洲中世纪学校的课程设置,共七门标准化文理课,含语法、逻辑学和修辞学等"三艺"(*trivium*),以及几何、天文、算术和音乐"四艺"(*quadrivium*)。

的表述里,他们看不见那部分正确的判断,只看见他在哪里脱靶了。

对主流学术界而言,麦克卢汉的著作使他作为学者遭质疑的另一个方面是,他的学问集中在大众文化和广告。他不仅分析广告,而且把广告吹捧为艺术形式。有两条经常被引用的语录是:

"广告是20世纪最伟大的艺术形式。"

"广告是20世纪的洞穴艺术。"

许多学人把这两条语录解释为麦克卢汉鼓吹广告的证据。实际上,虽然有些广告商是他咨询业务的客户,他对广告的批判还是很高调的,以下三条语录清楚显示了他的姿态。

"广告是富裕世界享受的环境中的脱衣舞。"

"理想情况下,广告的目标是人的所有冲动、渴望和努力被编程的和谐。凭借手工艺方法,它伸展开来,向着集体意识的终极电子目标前进。"

"广告商的业务就是确保,我们办事时,有某种魔幻的咒语、调门或口号在我们脑子的背景里静静地搏动。"

他从事广告研究并不是因为他喜欢广告,而是因为他相信,那是理解媒介对社会影响的很好的方式,以下这句话足以为证:"总有一天,历史学家和考古学家将会发现,我们这个时代的广告是日常生活最丰富、最忠实的反映,它们反映生活的一切活动领域。"

麦克卢汉和主流学界的另一条裂痕是,他对大众文化感兴趣,而主流学术界则没有兴趣。麦克卢汉(1969, p.49)写道:"两百年来,大学教授们背向文化,因为技术社会的高文化是大众文化,此间的文化无高低之分。"麦克卢汉感兴趣的是对媒介影响的理解,因此,他不承认高低文化之间的界线。他用文学批评的技法去批判高雅文化,同时又分析达格伍德·邦斯特德(Dagwood Bumstead)之流的著名卡通人物。

在1974年6月9日致彼得·巴克纳(Peter Buckner)信(National Archives of Canada Collection)里,他思考自己的研究方法为什么使这么多同事感到厌烦:

任何技术或追求的效应显示出来时,许多人恐慌、气愤,为此,我则一直感到困惑。这就像是房主吃饭时,邻居告诉他,他家的房子着火了,他感到气愤一样,这是对待任何事情都体现出烦恼的易怒症的西方人的典型特征。

我尝试向他解释这种易怒症的缘由,在他致芭芭拉·罗斯(Barbara Rowes April 15, 1976—National Archives of Canada Collection)的信里透露了我的想法:

鲍勃·洛根说许多人嫉恨我,因为我有如此之多的发现,从潜意识生活的观点看,这可能是一条线索。当人们一直以来都"知道"的东西浮出水面时,他们就会动怒。弗洛伊德就遭人嫉恨。重要的是,我们创建了潜意识的自我,对任何在他周围玩弄他的人都嫉恨。我研究媒介效应时,实际上是在研究整群人的潜意识生活,因为人们煞费苦心掩盖媒介的影响,不让自己知道。

他特别惹恼的人中,有一群马克思主义的学界人士。他们之所以生气,那是因为他把研究的焦点从谁拥有媒介转向媒介对受众的影响。他在 1959 年 12 月 14 日致哈里·斯科尼亚①的信里说,"不知道权力的性质是什么而去了解谁挥舞权力,徒劳无益"(Marchand 1989, p.144)。

他明白跨学科研究的重要性,在此,他远远走在同事前面。一个英语教授应用文学批评的技巧去分析大众文化,这超出他们的想像力。以后,当他把注意力转向技术时,他们还在原地踏步。他们疑惑作为一个英语教授他怎么可能弄懂技术及它的影响力。麦克卢汉知道而他们却不知道的是,英语研究不仅是英语文学的研究,而且是传播研究。另一点他知道而他们不理解的是,传播不仅依赖文本或内容,而且依赖传输文本的媒介。

也许,自称学者的人对麦克卢汉最恶毒的攻击是,麦克卢汉不是严肃的学者。据其儿子埃里克透露,连他多伦多大学的一些同事也尝试撤销他的终生教职待遇,只不过没有成功罢了。

对麦克卢汉学问的抨击全然是毫无价值的,考虑他早期的文学批评成果你就会发现,这些成果无疑是符合传统学术范式的。我们还将证明,从他后期的媒介环境学成果来看,所谓非学者的麦克卢汉的许多预言证明是正确的,许多社会科学家都不能复制这样的伟业。他的许多预言业已成为事实:他的地球村概念,他预示互联网和万维网,他论及众包的威力,如此等等。

同样,许多批评者把矛头指向他,那是因为他们在当时难以想象他预言的走势,这些预言在当时似乎全然是古怪的,后来却被证明是正确的。"麦克卢汉的著作今天容易理解了,部分原因是,如今的读者熟知他提到的技术了,彼时,那样的技术似乎是不可能的。"(Roth 1999)

第三节 麦克卢汉业已实现的预言

麦克卢汉有关电力媒介效应的宣示都带有预言的性质,他似乎意识到个人电脑、互联网、万维网和其他数字媒介的来临,早在它们来临之前他就作出了类

① 哈里·斯科尼亚(Harry Skornia,? —),美国教育家,1950 年担任全美广播电视教育工作者协会(NAEB)主席,聘请麦克卢汉为该学会做一个"理解媒介"的研究项目,麦克卢汉的结项报告题名为《理解新媒介研究项目报告书》,报告书译文见《理解媒介》增订评注本附录一。

似的宣示。不仅如此，他有关电力媒介的言论似乎更适用于数字媒介。

1959 年，个人电脑问世之前 20 年，万维网问世之前 35 年，麦克卢汉业已知道信息运动将要支配我们的经济。他写道："信息的生产和消费……是我们时代的主要产业。"（McLuhan, McLuhan, Staines 2003, p.5）

虽然麦克卢汉在世时无缘看到个人电脑，但他预料到个人电脑的来临。他的朋友、同事亚瑟·波特回忆他 1968 年与麦克卢汉共进午餐的情况：

> IBM 的麦克·希洛克（Mac Hillock）安排他和 IBM 的十来位地区主管共进午餐。马歇尔不久就调高了调门，对这帮主管说，每个家庭一台电脑，不必去杂货店……两个主管饭后对我说，"从来没有听说过如此疯狂的言论！"在个人电脑之前 10 多年，他就在大谈特谈个人电脑，而这帮 IBM 的主管连想都不曾这样想，在这里，你看到的是一位英语教授，在计算机发展中视野比技术人员还要早 10 年。他已经在说计算机使用者了。（Nevitt and McLuhan 1994, pp.29–30）

他先见之明的另一个例子是，他在著作里预示了互联网的到来。《神经浪游者》①的作者威廉·吉布森②创造了"赛博空间"一词，值得称赞，但早在《神经浪游者》问世之前，麦克卢汉（1967b, p.67）就在以下文字里描绘了互联网，有人问他"计算机如何影响教育？"他的回应几乎是对互联网的准确描绘：

> 教育里的计算机尚处在试用阶段，但它的确代表着加速度获取信息的可能性。应用到电话和复印机上时，它使人能获取全世界图书馆的信息，几乎瞬间实现，不会延迟。由此可见，计算机的瞬间效应就是推倒知识分科和分割的高墙，偏向总体场域、总体知觉——格式塔。

如果你把麦克卢汉这段话里的电话解读为信息包在电话线上的传输，把复印机解读为电脑打印机的使用，麦克卢汉对互联网的描绘就完整了。请注意，他这一番描绘比 1969 年阿帕网问世早两年，阿帕网是互联网的前身。他 1962 年的一段话也预示了互联网的到来：

> 用作研究和通讯工具的计算机能加强检索，使大型图书馆组织过时，能恢复个人的百科全书功能，并逆转为个人使用的一条路径，处理快速裁剪得

---

① 《神经浪游者》（*Neuromancer*），《蔓生都会》三部曲之一，又译《神经质罗曼蒂克》，文字游戏，即"New Romancer"或"Neuro Romancer"，威廉·吉布森模仿麦克卢汉的地球村观念创造的"赛博空间"（cyberspace）一词，意思是说，全球一体的通讯网络像神经一样使我们兴奋，使我们充满冒险的浪漫情怀。

② 威廉·吉布森（William Ford Gibson, 1948— ），著名科幻作家，《蔓生都会》三部曲、《旧金山》三部曲、《蓝蚂蚁》三部曲等。

当的、可出售的数据。(http://en.wikipedia.org/wiki/Marshall_McLuhan)

无需过分引申,你还可以把上文“个人的百科全书功能”解读为维基百科的预示。如果你把谷歌“可出售的数据”解读为谷歌搜索生成的广告收入,你还可以看到他这段话对谷歌的预示。

他还预示从产品到服务的转折,比如今天的软件下载、云计算以及 iTunes 和 Netflix 的服务。1967 年在“安大略省教育宗旨委员会”的讲演词里,他写到,“我们时代的所有产业都是服务业。复印机使图书成为服务业,书籍不再是一个印刷包或产品(McLuhan 1970a)”。这段话的暗示已成为现实,只不过不是通过复印术,而是另一种复制,即数字的复制——电子书,以及亚马逊网上提供的 Kindle 电子书阅读器。

1966 年在多伦多的一次访谈中,麦克卢汉预示了互联网、谷歌、亚马逊,预示了从产品到服务的转折,这一切都是 21 世纪商务的特征(McLuhan, M., S. McLuhan and Staines 2003, p.99):

> 你不再出门去买一本包装好的书,那是一次印刷 5 000 本书里的一本。你走到电话机(可解读为谷歌和网上的亚马逊)跟前,打电话描述你的兴趣、需要和问题……于是他们就说,你要的东西马上送给你。他们立即复印你需要的资料,他们有世界各地图书馆的电脑帮助。他们搜集的材料完全是你个人需要的材料……他们给你提供的材料是直接为你一个人服务的一揽子材料。在电子信息条件下,我们正在往这个方向前进。产品日益成为服务。

他不仅预示互联网和维基百科,而且预示众包和 Innocentive.com 之类的网站,网站把面对共同问题的公司联系起来,靠 Innocentive 聚集的专家来解决问题。Innocentive 把这种过程称为“开放式创新”(open innovation),该网站做了这样的描绘:

> “开放式创新”容许不同系科的许多人同时对付同一个问题,而不是按顺序逐个参与。任何人都可以参与凡有协作技术和“开放式创新”的培训。当许多人致力于同一个问题时,解决问题就少花一些时间。

以下两段引文显示麦克卢汉(1971——黑体字为作者所加)首次谈及众包的概念,他将其称为“有组织的无知”。这是他在阿尔伯达大学的讲演词:

> 教育的直接需求和未来不是知识的传播,而是无知的宣传。英国开放大学常犯的错误是把旧课程和旧课堂发到新的电视媒介上。这些媒介眼前的需要是把各知识领域、各行各业的人带到话筒前、演播室里,让他们向公众解释的不是他们的知识,而是他们的无知;不是他们的专业特长,而是他

们的困难;不是他们的突破,而是他们的崩溃。

未来的大中学校必然是全社区参与的手段,这样的参与不是在可获取知识消费中的参与,而是在创造全然难以获取的洞察中的参与。这种社区参与解决问题、从事顶级研究的最大障碍是不愿意承认并详细描绘他们的困难和无知。**困扰一个专家或困扰一打专家的问题,没有一个不是立马能解决的,只要上百万颗脑袋同时被赋予机会去解决就行**。过去我们所拥有的专门知识带来的个人威望的满足必须让位于对话和群体发现的更大满足。任务的重要性不如任务团队的重要性了。

麦克卢汉不仅预示互联网、开源软件和众包的发展。在与乔治·伦纳德(George B. Leonard)合作发表在通俗杂志《展望》(*Look*)的一篇文章里,他还解释,为什么数字媒介对青年人有那么大的吸引力,对长者也有一定的吸引力。他们解释说,印刷时代及其促成的分割化已经结束(McLuhan and Leonard 1967)。

我们正在迅速进入一个令人眼花缭乱、迥然不同的时代,速度之快超乎我们所能认识。分割化、专门化和相同性将要被主体性、多样性取代,总之,被深度卷入取代……深度卷入意味着被拽进互动。互动进行下去后,学生必然有进步。换言之,学生和学习环境(一个人、一群人、一本书、一门编程的课程、电子学习操作台等)必然会在愉快而有目的的回应中互动。当参与的情境设置起来以后,学生就觉得离不开了。

麦克卢汉和乔治·伦纳德(ibid.)还预测,在电力配置的信息条件下,人与知识的关系改变了。在今天的互联网时代,我们开始看见这样的改变。

实际上,运用得当的电脑几乎肯定会使个体的多样性增加。世界范围的电脑网将使学生能获取全人类的知识,世界各地的学生在几分钟或几秒钟内就能获取这些知识。如此,人脑就不必是具体事实的储藏库,记忆的用处在新的教育中转向,打破陈旧、僵硬的记忆链可能比打造新的链条具有更大的优势。新材料的学习就像是古代文化里的伟大神话,被作为完全整合的系统、在若干层次上产生共鸣,拥有与诗歌和歌曲一样的特征。

麦克卢汉的另一种预示是智能电话,他的传记作者菲利普·马尔尚(Phillip Marchand 1989, p.170)是这样描绘的:

《理解媒介》出版不久,他在纽约市的一次讲话中对观众说,总有一天,人人都可能有一台便携式电脑,像助听器那么大,使我们个人的经验与外部世界这个联网的巨型"大脑"连接在一起。

他还预示电子书和电子阅读器。1972 年,他写到,"当数以百万计的图书可以压缩到火柴盒大小的空间时,便于携带的就不只是书籍而且还包括图书馆了”(McLuhan, McLuhan, Staines 2003, p.175)。

是什么使这一预测越发使人震惊呢?因为他说这段话时,并没有个人电脑,没有手机,没有互联网(即他所谓的“外部世界这个联网的巨型‘大脑’”)。

麦克卢汉认为,一句话警语是电力时代最有效的传播形式。这个概念预示着我们数字时代的短信、即时通信和推特。他说,“我们发明了许多一句话的俏皮话,因为人们没有耐心等你把比较长的笑话讲完……我们只有时间听短小的俏皮话,他们的注意广度很短暂,你知道的”(McLuhan, M., S. McLuhan and Staines 2003, p.271)。到了数字时代,我们的时间更少,所以我们把短小俏皮话化解到 140 个字符的推特,推特不是机敏的应答,也不是俏皮话,而是完整的传播。如果你不能用 140 个字符说出你脑子里想的,那就别说了,我没有时间,甚至连电子邮件都太长,至于书信,那就忘了吧。

马尔尚(1989, p.276)又指出,麦克卢汉(1964, p.291)在《理解媒介》里提前 20 年就预言录像带的来临。麦克卢汉写道:

> 目前,电影仿佛仍处在手抄本的阶段,和过去没有区别不久,在电视的压力下,它将进入便携便读的印刷文本阶段。要不了多久,人人都会有一台小型价廉的 8 毫米电影机,就像在电视屏幕上看电视一样看电影。

容我再尝试提出麦克卢汉另一个可能的预言,即他对互联网的预言。我提醒读者,这是高度的概括,最多不过说对了一半,但作为麦克卢汉式的话语,我的判断是正确的,足以作为探索与读者分享。麦克卢汉和费奥拉合著的《媒介即按摩》(McLuhan and Fiore 1969)以这样的方式开辟了新天地,即使图文整合,宛若图文并茂的网络。我不坚称,麦克卢汉预料互联网终将出现,但我的确相信,在某种意义上,他预示了互联网的发展。有趣的是,书名原来是 *The Medium Is the Message*,但清样到手后,作者发现排字工误置了一个词,把“message”错拼为“massage”了。麦克卢汉本来就非常喜欢双关语,所以他喜欢误排的书名,决定将错就错留下它。稍后他解释将错就错的动机,“媒介是按摩而不是讯息……它以野蛮的方式给我们大家按摩”(McLuhan, McLuhan, Staines 2003, p.77)。

既然麦克卢汉洞悉电力媒介如何演化,你就难以否认,他是最高级别的学者。显然,他的洞见是独一无二的,他那个时代的任何其他学者都难以与之匹敌。只有那些对他的预测能力打折扣和认为学问是已有知识的阐述而不是对未知世界的探索,才会提出有别于此的判断。麦克卢汉缺乏用脚注标注他知识源头的能力,但他用自己的洞见补救了这方面的不足。

容我给他的预言能力做一个注脚。我认为,麦克卢汉甚至预示了数字原住民(digital natives)的概念。这个词是马克·普伦斯基(Marc Prensky)2001 年首创的(参见 http://www.marcprensky.com/writing/Prensky%20-%20Digital%20Natives,%20Digital%20Immigrants%20-%20Part1.pdf)。但在五十多年前的1958年,麦克卢汉就预见到,年轻人和父辈不属于相同的文化,不说相同的语言。在他和泰德·卡彭特合编的《探索》(*Exploration*)第八期里,他写道:“今天,技术的母体释放出的不是新的方言,而是一连串新的语言,年轻一代把这些新语言当作母语来学习。”在同一篇文章里,他甚至暗示了注意力经济:“媒介形成的现代环境同时在不同层次上承载着许多讯息,需要新的注意力习惯。”

他甚至描绘了在新的电力技术条件下容易成功的人格类型。“未来的技术大师必然是轻松愉快、非常聪明的。”(McLuhan 1969, p.50)这难道不就是描述像苹果公司的创始人史蒂夫·乔布斯(Steve Jobs)和史蒂夫·沃兹尼亚克(Steve Wozniak)、脸书的创始人马克·扎克伯格(Mark Zuckerberg)、施乐的帕克研究中心(Xerox PARC)的那帮人吗?他们开发了激光打印机、以太网(Ethernet)、图形用户界面(graphic user interface, GUI)、物件导向程式编制(object-oriented programming)、普适计算(ubiquitous computing)和个人电脑。今天的技术大师不像他们工业时代的同行。请考虑托马斯·爱迪生是怎么说的:“成功是10%的灵感加90%的汗水。”19世纪霍雷肖·阿尔杰①的故事是英雄通过艰苦的劳动、坚强的意志、勇气和诚实由穷变富的故事。今天的企业成功故事是轻快活泼的人物在游戏博弈中完成的,他们把爱好和激情变为成功的企业和研究计划了。

麦克卢汉的另一种预示是今天自己动手(DIY)的文化和数字媒介放大的DIY运动,包含有独立音乐、黑客,尤其产品的黑客(product hacking)、草根政治和社会行动主义这样的事。回到麦克卢汉所说的DIY岁月,其严格意义是自己动手改善家居环境。麦克卢汉写道:“随着技术的进步,每一种情境的特征一次又一次逆转。信息时代将成为‘自己动手’的时代。”

DIY的表现之一是产品的黑客和再混合。麦克卢汉预示再混合。他启用杂交的概念:杂交释放能量,创造新形式。如以下两段引自《理解媒介》的文字所示:

> 从如此强烈的杂种交换中,从思想和形式的撞击中,必然释放出最大的社会能量,必然兴起最了不起的技术。(McLuhan 1964, p.56)
>
> 两种媒介杂交或交汇的时刻,是发现真相和给人启示的时刻,由此而产

① 霍雷肖·阿尔杰(Horatio Alger Jr., 1832—1899),美国儿童小说作家,作品约130部,多半讲穷孩子如何通过勤奋和诚实获得财富和成功的故事。

生新的媒介形式。(ibid., p.63)

后面这段引语还预示了数字媒介在智能手机、平板电脑等设备里的融合,这些产品是许多不同技术的杂交,数字媒介形式使这样的杂交成为可能。智能手机是电话机、互联网终端、相机、短信机、电视接收机和录制音乐播放机。

麦克卢汉对杂交能量的理解和以上两段引文支持了我在第四章里提出的一个假设:麦克卢汉预示突显理论。杂交产生的新形式,释放的新能量与突显理论的概念共鸣:整体大于部分之和,在杂交的过程中,杂交系统的成分不曾拥有的特征涌现出来了。

麦克卢汉(1962, pp.144 & 248)运用的概念之一是"冲浪"(surfing),《谷登堡星汉》的两段文字显示了他这样的思想:

彼得·拉米斯①和杜威②是谷登堡和马可尼(即电子)这两个对立时期的教育弄潮儿(wave-riders)——海德格尔③在电子浪涛上弄潮,意气风发,就像笛卡尔④在机械浪涛上弄潮一样。

有人说,"冲浪"一词引向了互联网上冲浪和电视频道上冲浪的概念。据《牛津英语词典》标注,"surfing"一词1986年首显于《华尔街日报》,而网上冲浪的用语是1994年以后才出现的。

第四节　在数字时代,麦克卢汉指认的电力媒介趋势进一步加剧了

在新数字媒介条件下,麦克卢汉描绘的许多电力媒介特征进一步强化了。比如,今天的世界更像地球村了。由于电子邮件、互联网和手机等数字媒介,我们"生活在最大限度毗邻的状态中"。通过电子邮件、手机短信、网络电话、脸书、博客和推特等可用的数字渠道,通过它们我们随时接触,彼此联系。

正如麦克卢汉预见的那样,民族边界进一步消融,有了互联网和万维网后,知识和信息跨越民族边界不受阻碍,营造着拥有全球水平兴趣和实践的共同体。

---

① 彼得·拉米斯(Peter Ramus, 1515—1572),法国哲学家、逻辑学家、修辞学家,革新亚里士多德和西塞罗的修辞学。

② 约翰·杜威(John Dewey, 1859—1952),美国哲学家、教育家,实用主义集大成者,著有《哲学之改造》《民主与教育》《自由与文化》《我的教育信条》《教育哲学》等。

③ 马丁·海德格尔(Heidegger, 1889—1976),德国20世纪最富有创见的思想家,存在主义的主要代表。代表作有《形而上学导言》《存在与时间》等。

④ 笛卡尔(Rene Descartes, 1586—1650),法国数学家和哲学家,将哲学从经院哲学中解放出来的第一人,黑格尔称他为近代哲学之父。代表作为《方法谈》和《哲学原理》。

印刷机使民族主义和民族国家兴起，互联网正协助我们营造世界共同体。不仅联合国及其工作是世界共同体的征兆，还有其他全球性创举，比如世界银行、IMF、海牙战争罪法庭、东京议定书、世界卫生组织和国际原子能机构。互联网尤其社交媒介促进了中东和2011年北非革命的蔓延。

麦克卢汉确认了电力媒介的信息超载，“电子信息环境中生活的结果之一是，我们习惯于生活在信息超载的状态中。总是有超过你能够对付的信息量”（McLuhan, M., S. McLuhan and Staines 2003）。在数字媒介条件下，我们看到，信息超载提高了一个数量级。

麦克卢汉这样看电力信息的非集中化：

> 电能的作用不是集中化，而是非集中化。这种区别就像铁路系统和输电网络系统的区别。铁路系统需要铁路终端和大都会中心。而电力可以一视同仁地输往农舍和办公楼，所以它容许任何地方成为中心，并不需要大规模的集中。（*Understanding Media*）

今天的互联网使世界上的每一个用户处于这个拥有浩瀚信息与活动的网络中心。移动通信技术使人能在地球上的任何地点使用互联网。只要处在信号发射塔方便的距离内，智能手机的使用者就处在事发现场的中心，纽约、伦敦、东京、北京或任何其他大都会的人并不比他离中心近。

互联网的运行原理是完全的非集中化。互联网创建于冷战中期，为防止在遭到核攻击时美国通信网络的崩溃。谁能预料到，互联网的前身阿帕网会演化为今天的互联网呢？互联网在经济、社会、政治和文化上对我们的影响太深刻了。这样的发展说明，突显现象是不能提前预测的。麦克卢汉能在阿帕网创建之前就粗线条地勾勒出互联网的轮廓这一事实和突显现象的难以预测性并不矛盾。麦克卢汉并没有预测互联网何时、何地、如何出现，他只描绘了互联网为何会兴起。如果说破坏严重的龙卷风在未来的10年会袭击堪萨斯州并不是真正的那种预测，它与一个突显现象的不可预测性相矛盾的，除非你能预测哪一座城在哪一天遭龙卷风袭击是。

电子通信系统和社会组织非集中化的力量在于系统的冗余性使它很强大。比如，互联网提供每个人平等获取网上公开的全世界的知识。谷歌正在把牛津大学、哈佛大学、密歇根大学、斯坦福大学和纽约公共图书馆的资源放到网上，供所有的人使用。这是非集中化的又一个例子，万维网使知识和图书馆资源的非集中化得以实现。在网上自由分享知识的开源运动是数字非集中化的另一个例子。

麦克卢汉和内维特（McLuhan and Nevitt 1972, p.4）在《把握今天》里写道：

“在电速条件下，消费者成为生产者，因为公众成了参与者角色扮演者。”这一在大众媒介时代所做的观察与数字媒介突显相一致。基于互联网的项目比如YouTube、Flickr和脸书更别提博客域和推特域正在弥合使用者和生产者之间的鸿沟。互联网和万维网使文化产品的分配分散化，正在使文化内容的生产者和接受者非集中化。资源开放运动使软件的生产非集中化。芬兰的林纳斯·托瓦兹(Linus Torvalds)开发了Unix操作系统，邀请人们与他一道改进这个系统，Linux操作系统就这样应运而生，既无处存在，又无处不在。

互联网容许任何人通达更多的人，使他与更多人分享思想、信息、知识和艺术创作产品。他们可以直接与受众联系，无需与编辑、守门人、审查人打交道；出于各种各样的原因，这些人可能想限制他们的材料的分发。互联网用户决定什么材料有价值、什么材料值得他们重视。数字媒介的挑战不是对信息的获取，而是决定什么信息值得重视；生产者面对的挑战不是创建和发布自己的信息，而是寻找信息产品和创新产品的接受者，无论信息的生产者是作家、诗人、动漫人、画家、雕塑家、陶艺师、摄影师、电影制片人、作曲家或音乐人。互联网为小企业主提供了进入全球市场的机会。所有这些例子都包含了麦克卢汉的非集中化思想。麦克卢汉认为，电力信息的规模将上升，但其规模比起麦克卢汉时代的大众电力媒介要大得多，非集中化程度可能要大大超过麦克卢汉的想象了。

麦克卢汉的另一个洞见是，电力传播媒介是我们神经系统和心灵的延伸：“电磁技术要求人绝对恭顺、沉思默想。对于精神业已转到头颅之外、神经业已转到肌肤之外的生物体来说，这些要求是很适合的”(McLuhan 1964, p.57)。麦克卢汉这一洞见是基于大众电力媒介的。数字媒介更是我们神经系统和心灵的延伸。请想想，我们多么倚重互联网和智能手机来延伸我们的记忆并增强我们获取信息的能力啊。

值得指出的是，麦克卢汉所谓的“我们在颅骨外穿戴我们的大脑”的提法预示着查尔姆斯和克拉克(Chalmers and Clark 1998)的延伸脑假设(Extended Mind Hypothesis, EMH)。安迪·克拉克(Andy Clark 2003)进一步发展了这一假设。延伸脑假设认为，人脑不完全囿于颅腔内，还包括提升人认知能力和行为能力的一切工具。我指出，延伸工具假设(ETH)与麦克卢汉“工具即人体延伸”的概念异曲同工，安迪·克拉克同意并且说，两者的确相似，他坦承以前没有察觉到他和麦克卢汉的研究有重叠之处。他亦坦承，他的“延伸脑假设”与我在《心灵的延伸——语言、心灵和文化的滥觞》(Logan 2007)里提出的论题有重叠之处。那本书的论题是：口语延伸了作为感知处理器的大脑，使之演化为以观念运行的人脑。凑巧，我们两人都在1997年用了“延伸脑”(the extended mind)

这一术语。

早在 1964 年,麦克卢汉就预言,伴随着电力媒介,学习和知识的获取将是人类的主要活动。

> 在电力技术条件下,人的全部事务都变成了学习和认识。以我们依然视作"经济"(希腊语的意思是家居环境)的话来说,这意味着一切职业形式都成了"有薪金的学习",一切财富的形态盖源于信息的运动。(ibid., p.58)

再一次,麦克卢汉预示数字时代的重要发展之一:商业世界的知识管理运动,那是在他去世后才兴起的运动。知识管理的要旨是在组织内的利益攸关者之间寻找知识得以分享的方式,它包括管理层、雇员、顾客和供应商(Logan & Stokes 2004)。网络提供了分享知识的极好环境。知识分享的意义是,有了计算机技术和互联网以后,人人能获取信息。唯有通过知识的获取,你在今天的商界才有竞争力。知识是利用信息(语境化的数据)以达成个人目标的能力。如果没有利用信息的能力(知识),单纯的信息运动是不能创造财富的。

麦克卢汉确认的电力传输信息的另一个影响即多学科性,它的影响力伴随数字媒介与日俱增。不同学科的信息、知识和方法论在互联网上轻松传播。一个领域的研究者用谷歌搜索本领域的信息时,他很容易就寻找到与研究需求相关的来自另一个领域的信息。

麦克卢汉还看到,电力信息会引向职业生涯的碎片化,在工作生涯中,一个人会打几份工,为许多不同的组织干活,不像工业时代的模式,那是终身受雇于同一家公司的模式。在有关数字时代的另一种预示里,麦克卢汉(McLuhan 1969, p.28)写道:

> 信息运动加速的后果之一是,每个人都有多样的工作,自动化引起的失业很可能意味着,终身干一种工作的模式终结了,每个人干多种工作的转变发生了。
>
> 他甚至走得更远,他说,"在电子时代……你不可能有所谓的工作岗位,你只能有一个角色"(McLuhan, McLuhan, Staines 2003, p.155)。

尽管麦克卢汉从未亲身体验过数字媒介,个人电脑是在他去世以后才问世的,然而,他对电力媒介的分析给了我们一个提示,为什么数字媒介使电力媒介的效应强化了。在《理解媒介》里,麦克卢汉(1964)写到,信息流的加速造成新的效应。文字促成的信息流加速造成部落社会的分割。谷登堡印刷机促成的信息流加速造成了民族国家,加速了欧洲的经济扩张。最后他又说,以光速运行的电力信息使机械分割的世界变为地球村。既然电力信息以光速运行,而爱因斯坦认为光速是最高的速度,那么,数字信息怎么可能快过光速呢?答案在于:

在数字形构的赛博空间里,我们获取信息的能力加速了。超文本链接使我们获取信息的速度超过大众媒介容许的速度。麦克卢汉指认的大众电力媒介的效应在数字信息条件下之所以更加明显,其道理就在这里。

第五节　本章小结——麦克卢汉是对的!

本章结尾考察麦克卢汉学术的严肃性,我将回答汤姆·沃尔夫的问题,那也是我本书开篇借用的问题:"……倘若他是对的呢?"距沃尔夫提出这个著名的问题已过去40年,答案是显而易见的:麦克卢汉是对!只需列出他的预言和预示就可以确认,他是对的。这个清单包括:地球村即互联网;维基百科;众包;智能电话;短信即时通信和推特;数字原住民;录像带;万维网(至少图文结合的理念);从产品到服务的转折;DIY文化与运动;生产者和消费者鸿沟的弥合;再混合文化。除了这些预言和预示外,还有下列他率先确认的、在数字时代得以强化的趋势:生活在剧增的毗邻状态,信息超载,非集中化,知识经济,知识管理,学习组织。

评价一位学者贡献的有效性时,最好的办法是核查其预言是否实现,这就是科学之本。有鉴于此,正如汤姆·沃尔夫所言,麦克卢汉真正是与牛顿、达尔文、弗洛伊德、爱因斯坦和巴甫洛夫比肩的最伟大的学者之一。是的,他是对的!

作为本书对马歇尔·麦克卢汉学术的最后礼赞,我想插进颇受人尊敬的政治家皮埃尔·特鲁多和学者尼尔·波斯曼献给他的敬辞。特鲁多(Trudeau 1988, p.119)写道:

> 我们的通信引向思想的探索……我们刚晤面时,他说,不要担心我的矛盾,把它们视为探索。不要把我放进与自己思想冲突的位置。我发觉这是自由自在的体验。基本上,他的思想不关乎政治,它们努力解释新技术冲击下人的行为。我认为,他的一些直觉是天才的直觉。

波斯曼在纽约大学创建媒介环境学专业,该专业的基础底板上是麦克卢汉的著作。他描绘第一次邂逅麦克卢汉的体会时说,"他广博的知识、他表现出来的思想胆略给我留下了极其深刻的印象。"波斯曼接着说,"在我所有的著作中,我想不出哪一本不是多亏麦克卢汉的思想写出来的。"(http://www.kaschassociates.com/417web/PostmanOnMcLuhan.htm)我和许许多多的媒介环境学者(太多了,无法列出名字)都会表达同样的感情。

倘若谁对麦克卢汉一流学者的地位还有丝毫的疑问,我想请读者看看他的《探索》第104到108页的文章《印刷书籍对16世纪预言的影响》("The Effect of the Printed Book on Language in the 16th Century", McLuhan 1957b)。他用如椽之笔解释古英语、中古英语和现代英语的语法,证明许多现代语言构造是屈折形式向词序转折的结果,是印刷机印制文本的一致性带来的结果。这就是严肃学者的成果。正如毕加索先模仿同时代大师的风格,尔后开始他非正统的视觉探索一样,麦克卢汉起先从事古典学者类型的研究,尔后才开始他非正统的探索,研究传播、媒介、技术及其对社会的影响。

2011 年 6 月 23 日至 25 日在埃德蒙顿举行的媒介环境学会的年会上,我宣读了与本书同名的论文《被误读的麦克卢汉——如何矫正》("McLuhan Misunderstood: Setting the Record Straight"),反响热烈。在随后的对话中,我回应了一些友好的评论,但一位听众使我驻足片刻。他承认,麦克卢汉有一些令人印象深刻的语言和预示,但那不等于说,他就是严肃的学者,他只不过是一个好的预言家而已。我迟疑片刻回答说,我看重麦克卢汉是预言家的描绘胜过他是严肃学者的称谓,因为做学者这一行获益不多。就严肃学者的称谓而言,麦克卢汉只不过是一个快乐的学者。至于他是否是严肃的学者,我将让这个问题安息。

第六章

他不爱技术，也不恨技术，他是社会批评家

许多人责备麦克卢汉，说他鼓吹新电力技术，另一些人给他贴上恐惧技术的标签。实际上，他既不提倡新技术，也不怕新技术，他批判新技术对书面文化的负面影响，有一段引文为证：

> 许多人好像是认为，如果你谈论刚才发生的事情，你就一定持赞成的态度。我的态度刚好相反。我谈论的任何东西都是我坚决反对的东西，反对的办法就是理解它，这似乎是最好的办法。只有这样，你才知道到哪里去关掉那个按钮。（McLuhan, M., S. McLuhan and Staines 2003, p.102）

麦克卢汉所指的那个要关掉的按钮是对个人选择而言的，不是对社会的。他习惯于开玩笑地说，解决电视所造成的问题的唯一办法就是"拔下插头"。这再次说明，他不是主张在社会上消灭掉电视，而是说，你不能让电视成为你生活里的支配媒介。

麦克卢汉被贴上"电子管使徒"的标签，这是对他最大的误解之一。1954年3月14日，《纽约时报》刊发麦克卢汉一次实验的一条小消息。标题是《研究者发现，录像带是最佳老师》。新闻的导语是："电视是一流教师，轻松战胜书本和它的表兄广播。"在此，麦克卢汉及其实验搭档已经被视为"电子管使徒"了（Marchand 1989, p.125）。这篇报道是基于麦克卢汉和卡明特的一次试验，本书第三章已有描述。实验证明，相比而言，在电视上看讲课的学生比广播上听讲稿、文字上读讲稿、听老师当面讲课的学生，收获要更好些。进一步的实验证明事实正好相反，但"电子管使徒"的标签已经贴上了，尽管麦克卢汉辛辣地批判电视，比如他说，"电视吮吸大脑，把头颅吸空了"。

麦克卢汉关于电视对他家庭影响的私下谈话比他在公共著作里的观点更强硬。在给儿子埃里克的信里，谈及孙子孙女看电视的问题，他说道，电视是"可恶的毒品，渗透进神经系统，尤其是儿童的神经系统"。

出于莫名其妙的原因，有些同事视他为书本的敌人，多伦多大学前校长克劳德·比塞尔（Claude Bissell 1988, p.18）指出，他要保护麦克卢汉不受敌视者的影响，如果那些人得势，他们恨不得开除麦克卢汉。

《理解媒介》落笔充满激情，带有充满爆炸性机智，给他带来了很大的名声。但在许多学者之间却是臭名。他们说他抛弃了圣言,与异教徒结盟。他成了书本不共戴天的敌人,一个倡导通俗文化的古怪学者。他对口语的偏向,他对印刷机仁慈的作用的怀疑,给批判他的陈词滥调助了一臂之力。然而,罕有像他这样的作家坚持不懈(常常难以抗拒)地写书,地道的书呆子。当麦克卢汉论及他个人的作品时,似乎超越它的媒介——常常像象征主义者那样洋洋得意;鉴于电子时代受宠的子辈媒介比如电影、广播和电视而言,媒介的确是讯息——强大的、潜意识的讯息。然而它是可以被理解和可以被控制的,特别如果你用心读读麦克卢汉写的那十来种著作。

责备他与书本为敌的人并没有仔细读他的书。是的,他显示,书本受电视的攻击,但他那样说是在发出警讯,而不是要鼓吹电视。实际上,麦克卢汉(1969, p.98)说得很清楚,书籍并非即将过时。他在《探索》里写道:"认为书本就要过时……那就错了。"

采访他的电视主持人以挑战的口吻问道:"你为什么还要继续写书出书呢?"麦克卢汉回应说,"天哪,我从来没有反对过书本。我是文学教授,从早到晚都教书"(McLuhan, McLuhan, Staines 2003, p.263)。在写给未婚妻科琳·麦克卢汉(Corinne McLuhan)的信里,麦克卢汉显示了他对书本的热爱,"就金钱而言,我从未受到超支的诱惑。我的花销一直不多,将来也不多(买书也许是例外!)"(McLuhan 1999, p.29)。

麦克卢汉(1964, p.329)还说,"对于电视之类的新媒介的潜意识运转机制,究竟有一些什么免疫机制呢?……为了对抗电视,人们必须获取与之相关的媒介,比如印刷品来作为'解毒剂'。"显然,他担心电视的负面影响。有些人之所以思想混乱,认为他鼓吹电视,其根子在于没有细读他《理解媒介》里的一段话:

> 电视教育节目情况如何?……如果要问,电视与学习过程有何关系,回答必然是这样的:由于电视形象着重参与、对话和深度,它给美国带来了强化教育节目的需求。是否终有一天电视会进入每一间教室,这倒是一个小问题,因为革命已经在家庭里发生了。电视改变了我们感知生活和脑力活动的过程。它已经造成了欣赏一切深度经验的口味,这对语言教学的影响和它对汽车型号的影响一样重大。电视出现以后,谁也不满足于只具有法语或英文诗歌的书本知识了。人们异口同声地呐喊:"我们说法语吧。""让我们听见诗人的声音。"奇怪的是,与追求深刻的需求同时产生的,是对强化课程的需求。更深入地进一步钻研一切知识已经成为电视问世以来正常而普遍的要求。

也许,我们已经对电视形象的本质进行了充分的论述,这足以说明为何会产生上述的要求。它如何进一步渗透进我们的生活呢？单纯将它搬进教室不可能延伸它的影响。诚然，电视在教室里的角色迫使人重新安排课程，并以不同的方式去讲授课程。可是，单纯将当前的课堂搬上电视屏幕，就像是将电影搬上电视一样，其结果将是一种四不像的杂交。正确的探讨途径应该问："哪些东西是教室不能为，而电视却能有所为的呢？比如，在教法语或物理中，电视能发挥哪些教室所不能发挥的作用呢？"回答是这样的："电视能显示过程的相互作用，能显示各种形式发展过程的相互影响，任何其他媒介都无法办到这一点。"事情的另一方面与这一事实相关：在靠视觉组织的教育界和社会中，"电视儿童是正当权利被剥夺的跛子"。

如果把以上引文解读为麦克卢汉鼓吹电视，将其视为教育媒介，那就忽视了引文的最后一句话："电视儿童是正当权利被剥夺的跛子（the TV child is an underprivileged cripple）。"麦克卢汉警告我们，教育制度必须要变，因为电视已渗透进青少年的心灵了。他不是在提倡使用电视，而是在探讨教育制度如何变，以适应一代电视新人的需要。

麦克卢汉指出的电视对教育的另一种影响是，青少年很容易获取信息，结果是，他觉得课堂使人厌烦。"周围环境中的信息水平大大超过了课堂里的数据和信息。"（McLuhan，McLuhan，Staines 2003，p.89）因此他提议，"老师不必是信息的源头，而是洞见的源头。同样，凭借动机研究，实业界能够使消费者成为生产者。现在的教育者认识到，教育问题是动机问题，而不是消费一揽子信息包的问题——难道不是吗？"（ibid.，p.10）

新媒介一露头麦克卢汉就看到它，但这不是要拥抱它，也不是要抛弃它，而是意识到，"任何新形式进入前台时，我们自然会透过老框框来看它。我们正在尝试把旧东西装进新形式里去，而不是问：新形式将要对我们过去的预设做什么？"（McLuhan，McLuhan，Staines 2003，p.42）。结果，"新技术总是被用来完成不适合它的旧任务（ibid.，p.54）"。

本章讨论麦克卢汉是否是爱技术的人或恨技术的勒德分子。兹此结尾之际，容我提醒读者本书第一章引用麦克卢汉的一句话："我说的只不过是：任何产品或革新都产生有利的环境和有弊的环境，环境重塑人的态度。"（Molinaro，McLuhan，C. & Toye 1987，p.404）显然，麦克卢汉的技术观是平衡的。他既不鼓吹也不反对技术，他认识到，人类发明的每一种新工具都完全改变人类社会，因此，理解技术正反两方面的效应是至关重要的。

第七章

他发挥艺术家的特殊作用，他就是艺术家

在麦克卢汉的世界（尤其是在他的文学家世界）里，艺术家发挥特殊的作用。麦克卢汉非常崇拜詹姆斯·乔伊斯、埃兹拉·庞德、T. S. 艾略特、温德汉姆·刘易斯，他是象征主义诗人比如斯特芳·马拉美、保尔·魏尔伦和阿瑟·兰波①等的忠实粉丝。

> 我关于媒介的一切知识都是从福楼拜②、兰波和波德莱尔③那里学来的……在理解一切媒介时，画家和诗人都能够给我们很大的教益，19世纪后期的乔伊斯、艾略特、庞德等人都是我们的良师益友。（McLuhan, McLuhan, Staines 2003, pp.93 & 95）

如上所示，象征主义诗人对麦克卢汉后期的文风产生了极大的影响。在他与昆田·费奥拉、杰罗姆·阿吉尔两人合作的几本书《媒介即按摩》《逆风》《地球村里的战争与和平》里，你能够觉察到他的诗意风格。有些段落很像康明斯④的诗歌，语词不规则地并置。《探索》第七期（McLuhan 1957a, p.22）的一首诗是他早期追求这种文风的例子，这是一首无韵诗：

> 今天说“视听辅助教具”
> 很自然
> 因为我们认为书本是常态，
> 其他教材是偶然。
> ——报纸、广播、电影、电视——
> 是大众媒介

---

① 兰波（Arthur Rimbaud, 1854—1891），法国象征派诗人，创作生涯短暂，但影响深远，著有《醉舟》《灵光篇》《在地狱中的一季》等。

② 福楼拜（Gustave Flaubert, 1821—1880），法国小说家，19世纪文学大师。代表作为《情感教育》《圣·安东尼的诱惑》等。《情感教育》用伤感悲观的调子写1848年的法国革命。他要求自己的文字具有“诗歌的韵律和科学语言的精确性”。认为同义词是不存在的，作家必须找到“唯一合适的词”。

③ 查理·波德莱尔（Charles Baudelaire, 1821—1867），法国诗人，象征派诗歌先驱，现代主义创始人之一，著有《恶之花》《巴黎的忧郁》《人为的天堂》《美学管窥》《浪漫主义艺术》等。

④ 康明斯（Edward Estlin Cummings, 1894—1962），美国诗人、画家，为讽刺传统把自己的名字改为小写 e.e.cummings，有两卷《康明斯集》存世。

我们还认为书本是

个性化的形式。

在某种意义上，麦克卢汉是失意的诗人，但必须承认他玩弄词语有独特的一手。在我看来，与其说他是诗人，不如说他是玩弄词语的爵士乐艺术家。他总是即兴创作，尝试语词的不同组合，选用双关语，以探寻洞见。

许多专业上故作姿态的人"躲避爱玩双关语的人"，他们所受的告诫是，文字游戏是最低级的技巧……詹姆斯·乔伊斯知道，任何一个词都是无数人类感知的贮藏所，借用语词在磨合中的互动，这些感知就能被释放出来。凭借任何两个词，它都可以发明一个语言的宇宙。以下的调子和姿态的赋格曲或舞蹈，如果大声朗诵，就可以成为"有组织无知"的戏剧性描绘。(McLuhan and Nevitt 1972)

麦克卢汉敏捷、风趣，只需用他对媒介观察的独特视角揉搓一下，就能把旁人随意说出的一句话转换为富有洞见的判断。麦克卢汉著作的一种解读是：在某种意义上，他是艺术家，更多地把写作视为他自我表达的一种形式，而不是将其视为针对读者的表达形式。同理，可以说他的口头表达更注重把自己心之所想说出口，而不是传达给其他人。

通常，艺术家的作品更多地是为了满足和表达自己，而不是为了他们的受众。例子不胜枚举，仅以梵高①、卡夫卡②、舒伯特③为例，在世期间，他们的作品多半不被世人注意。由此可见，他们追求自己的表达形式时，心中并没有特定的接受对象。麦克卢汉很幸运，他找到了受众，那就是少量的学界人士，但他在广告界反而有共鸣的知音。这些广告界人士普及了他的成果，为首的有霍华德·戈萨吉(Howard Gossag)和杰拉德·费根④(Marchand 1989, p.173)。

艺术家是麦克卢汉许多探索的课题。如第二章所示，"艺术家"和"艺术"这两个词在《谷登堡星汉》里出现 43 次，在《理解媒介》里出现 63 次。在他典型的矛盾表达方式里，他把艺术家当偶像崇拜，同时又贬低其创作实践。他在《媒介

---

① 梵高(Van Gogh, 1853—1890)，荷兰画家，后印象主义代表人物之一，以风景画和人物画著称，代表作有《邮递员罗兰》《画架前的自画像》《星夜》《向日葵》等。

② 弗兰茨·卡夫卡(Franz Kafka, 1883—1924)，奥地利作家，表现主义代表人物之一，代表作有《城堡》《变形记》《判决》，死后有《卡夫卡全集》问世。

③ 弗朗茨·彼得·舒伯特(Franz Peter Schubert, 1797—1828)，奥地利作曲家、早期浪漫主义音乐的代表人物、古典主义音乐最后一位巨匠，在短短 31 年的生命中，创作了 600 多首歌曲，18 部歌剧、歌唱剧和配剧音乐，10 部交响曲，19 首弦乐四重奏，22 首钢琴奏鸣曲。

④ 杰拉德·费根(Gerald Feigen)，旧金山医生，20 世纪 60 年代与霍华德·戈萨吉一道创办咨询公司挖掘天才，共同举办"麦克卢汉文化节"，不遗余力地宣传麦克卢汉，和麦克卢汉一样喜欢俏皮话、双关语和短小警语。

即按摩》里写到，“艺术是你可以摆脱的任何东西”，下一句形式上稍有不同，据说出自安迪·沃霍尔①：“艺术是你可以自圆其说的任何东西。”可能是沃霍尔先用，也可能是麦克卢汉先用。麦克卢汉邂逅沃霍尔时（我以在场15分钟的名誉保证）没有提及这段话。有人说是麦克卢汉借用沃霍尔的话，混淆不清的原因就在这里。麦克卢汉说艺术的另一句话是，“广告是20世纪最伟大的艺术形式”。

把艺术平庸化以后，麦克卢汉（1964）又把艺术家描绘为这样的人：艺术家意识到技术的影响，其他人对技术的影响却浑然不知，仅以以下几段引文为证。麦克卢汉重要的概念之一是，我们大多数人只注意媒介的内容，对媒介生成的背景却浑然不知，因为媒介的效应是潜意识的。艺术家通过创作反环境，使我们意识到媒介的环境或背景，而非艺术家对此全然是习而不察的。

> 艺术家把潜意识提升到有意识知觉的层次。（McLuhan, McLuhan, Staines 2003, p.9）

> 艺术家往往能充分意识到环境的意义，所以他们被称为人类的“触须”。（ibid., p.49）

> 任何媒介都倾向于创造一个全新的环境……人们对环境习而不察，唯一的例外是艺术家。（ibid., p.67）

> 艺术家发明架桥的手段，把生物遗传和技术革新创造的环境连接起来。（McLuhan, M. and McLuhan, E. 1988, p.98）

麦克卢汉（1964, p.282）非常钦佩科学家并尽可能多地运用他们的洞见，但他相信艺术家更有感知力，他写道：“艺术的经验法则，通常提前一代人甚至更早在他们的作品中预示科学和技术。”

麦克卢汉（1964, p.282）把艺术家的觉察力归因于这样的事实：他们全然浸淫于感知而不是观念。觉察到感知时，艺术家就意识到背景了，而非艺术家把焦点放在观念和外形上。

> 只有能泰然自若地对待技术的人，才是严肃的艺术家，这是因为他在觉察感知的变化方面，够得上专家。（McLuhan 1964, p.33）

> 我们所谓的艺术似乎是行家的艺术品，其目的是提升人的感知。

在《透过消失点》（*Through the Vanishing Point*）里，麦克卢汉和帕克（McLuhan and Parker 1968, p.238）阐释了这样一个观点：艺术家揭示或发现媒介和技术的隐蔽环境。

---

①　安迪·沃霍尔（Andy Warhol, 1928—1987），美国艺术家、波普艺术开创者，多面手，被视为20世纪最伟大的艺术家之一。

任何艺术创作都包含环境的准备，以引人注意。一首诗、一幅画完全都是为训练感知和判断的教学机器。艺术家是特别容易感知到新环境给人类感知构成挑战和危险的人。而普通人用麻木自己感知的办法来对抗新经验的冲击以寻求安全，相反，艺术家因这样新奇的经验而感到喜悦，他本能地用富有创意的情境来揭示和补偿新奇的经验。他研究新环境编程造成的感知生活扭曲，创造艺术情境，以矫正新形式带来的感知偏向和紊乱。用社会常用语来表达，艺术家可以被视为领航人，在力的扰动和磁偏转中，他能用罗盘定向。如此看来，艺术家不是理想或崇高经验的小商贩。更准确地说，他为我们的行动和反思提供不可或缺的帮助。

麦克卢汉把艺术家视为社会的救世主，发挥着远程预警系统的功能：

艺术的最重要功能是远程预警系统，总是非常可靠地告诉旧文化即将遭遇什么。(McLuhan 1969)

受新技术冲击的受害者，总是千篇一律地用陈词滥调指责艺术家不切实际、耽于幻想。但是，在过去的一个世纪里，人们普遍认识到——用温德汉姆·刘易斯的话来说就是："艺术家总是在详细撰写未来的历史，因为他是唯一能感知当前自然的人。"现在，了解这个简单事实对维护人类的生存，是必须的。避开任何时代新技术的粗暴打击，完全有意识地避开新技术的强暴锋芒——艺术家的这种能力是由来已久……如果能让人们相信，艺术正是应对下一波技术的社会心理影响的预警知识，会不会人人都成为艺术家呢？或者说，他们会不会开始把新的艺术形式仔细翻译成社会的导航图呢？我很想知道，艺术的实质突然被看清以后，会发生什么样的事情。我很想知道，看清艺术的本质以后，人们是否准确知道艺术如何重组人的心理，以预测延伸的官能的下一次打击来自何方呢？(ibid., pp.70–71)

现代世界的统一性日益成为一个技术问题，而不是一个社会问题，所以艺术技巧提供了最有价值的手段，使我们能够洞见我们的集体意图运行的方向。(McLuhan 1951a)

鉴于艺术家能看见新技术的效应和挑战，麦克卢汉提出，艺术家应该在社会事务的管理中扮演更积极的角色。在电力时代尤其应该这样，因为"电子人正在接近这样一种境界：我们能将整个环境视为一件艺术品"(McLuhan and Parker 1968, p.7)。

为防止不适当的社会破坏，如今的艺术家倾向于离开象牙塔，转入社会的控制塔。高等教育不再是装饰品或奢侈品，而是电力时代生产和操作设计之必需，同样，在形塑、分析和理解电力技术创造的生活形式和结构方面，

艺术家是不可或缺的。(ibid., pp.70–71)

在人类文化史上，没有一个例子说明人们有意识地调节个人和社会生活的各种因素，以适应新的延伸，除了艺术家微弱和外围的努力。在文化和技术挑战带来的变革影响发生前几十年，艺术家就觉察到这个讯息了。然后，艺术家就打造应对即将来临的变革的模式或诺亚方舟。福楼拜说，倘使人们读过我的《情感教育》(*Sentimental Education*)，1870 年的战争①就绝不会打起来了。(ibid., pp.70–71)

麦克卢汉认为，艺术家是局外人、边缘人，他能看清事物的原貌，这一点有别于我们。

诗人、艺术家和侦探——凡是磨砺我们感知的人往往都是与社会不合拍的人：他们很难“非常适应”环境，他们不能跟随潮流。这种反社会型(antisocial)的人中间有一条奇异的纽带，他们有能力看见环境的本来面目。(McLuhan and Fiore 1967, p.88)

在最后这段引语中，麦克卢汉再次描绘自己是一个集诗人、艺术家和侦探特质于一身的人，他不能与时代潮流和趋势同行。写到这里时，他自画的侦探像使我不禁莞尔。这使我想起我们合作撰写的论文《字母表乃发明之母》，全文载学生报《伊尼斯先驱报》(*Innis Herald*)，编辑是卡尔·斯卡夫(Karl Scarf)。他请麦克卢汉拍一张照片为文章配图。麦克卢汉一如既往地搞笑，他穿上福尔摩斯全套行头，包括带护耳的帽子，叼着烟斗。他把诗人、艺术家和侦探的面具和口语文化人联系在一起了。在他和人类学家泰德·卡彭特合编的《探索》创刊号里，他留下了这样的文字，“福尔摩斯或现代侦探不可思议的感知能力只不过是前文字人的能力”(McLuhan 1953b, p.119)。

没有作家或社会批评家像麦克卢汉那样信赖艺术家。在某种意义上，他对他那个时代的社会和新技术负面影响的尖锐批评，尤其对电视的批评，都是出自他对艺术家的钦慕和他对艺术家尤其文学家作品的仔细研究。

在本章结尾，容我回答一个问题：麦克卢汉是否是艺术家。我认为，《理解媒介》的一段话提供了答案：“无论是科学领域还是人文领域，凡是能把握自己行为的含义，凡是能把握他那个时代新知识含义的人，都是艺术家。艺术家是具有整体意识的人。”(McLuhan 1964, p.71)根据他这个定义，他本人就是艺术家，因为他无疑是具有“整体意识”的人，他“把握自己行为的含义和当代新知识的含义”，胜过其他任何同时代人。

① 1870 年的战争，指 1870 年的普法战争。法国战败，拿破仑三世投降，巴黎爆发革命。

第八章

麦克卢汉虔诚的天主教信仰使他的学问带上偏向吗？

“他是很虔诚的人，实际上，在中风以后的15个月里，帮助他熬过痛苦的正是他的宗教信仰。那是他生命存在的核心。”（Corinne McLuhan, Marshall's wife 1988）

这一章很短，因为我认为，麦克卢汉的宗教信仰并没有使他的学问产生偏向，也没有限制他处理某些问题的能力，有些不了解他的批评家曾暗示，他受到宗教信仰的局限。我理解他，曾与他合作研究，我知道这些批评不实，所以我要澄清事实。他的确很虔诚，但他的信仰是个人的私事，并没有越出家人和教友的圈子。实际上，他的大多数文章都发表在具有天主教信仰的刊物上，或表现在与教友的通信中（McLuhan 1999）。许多文章就是围绕宗教思想受访后写出的，其中一例是皮埃尔·巴班（Pierre Babin）对他的访谈，收进《媒介与光》（*The Medium and the Light*, ibid., pp.45-53, 94-104, 141-49, 201-09）。

第一节　麦克卢汉分离个人生活与公共生活

我与麦克卢汉共事六年，没有证据显示他的信仰使他的学问产生偏向。他的儿子埃里克在《媒介与光》的前言里确认了我这一点（ibid., p.xviii）。

他仔细地分离个人生活与公共生活。比如，当他公开地、专业地接受访谈时，他罕有对任何事物比如媒介发表个人的观点。他是非常训练有素的知识渊博的批评家和观察家，能很好地将个人感情从专业观察中分离。

他的宗教信仰进入我们两人合作研究的经验只有一次，那就是午餐前到圣巴希尔教堂去参加15分钟的午间弥撒。他向他的上帝祈祷以求救赎，我这个犹太人也向我的上帝祈祷，以理解上午两人讨论时他说的意思。那是15分钟安详的时间，我借此机会思索我们上午的探索，并考虑一边吃饭一边要谈的问题。

上文业已提及，我们合写《字母表乃发明之母》（McLuhan and Logan 1977）一文时，他一点也不担心如何处理希伯来人形成的一神教观念，那是促成西方抽象科学的观念。

麦克卢汉的信仰没有使他的学问产生偏向，这不足为奇。他常说，他探索媒介效应不使用特别的视角，不做道德评判。他认为，“道德和情感义愤，只不过是那些没有能力行动或理解的人在那里自作多情”（Marchand 1989, p.121）。

偶尔，麦克卢汉会用他的媒介生态思想去评论一下宗教事务。现略举几例，显示他在访谈和致教友书信里透露的宗教思想。他用媒介生态思想区分感知和概念，谈论宗教，考察字母表效应、印刷机和信息电力化对教会的影响，评述宗教改革的兴起。先看他对感知和观念的区分：

> 启示是物的启示，不是理论。在那里，永示揭示真正的物性，你不会用观念去对待它。基督教揭示的物性对观念论者而言一直令人难堪：那总是不可思议的。这个问题是在《圣经·约伯记》中提出的，书中把信仰和理解放在全然对立的两极。约伯并没有致力于理论工作，而是直接去感知。一切理解都与他作对，一切观念都对他不利。他直接感知现实，那是给予他启示的现实。（McLuhan 1999, p.81）
>
> 理论上，神学应该是对物性的研究，对上帝本质的研究，因为这是一种沉思形式。但就神学的理论建构而言，这样的建构是纯粹的游戏，虽然是非常迷人的游戏。（ibid., p.82）
>
> 我可以说，我认为上帝不是一个观念，而是一个近在身边永远存在的事实——可持续对话的场合。（McLuhan letter to James Taylor on January 15 1969; Molinaro, McLuhan, C. & Toye 1987, p.362）
>
> 我不认为观念在宗教里有任何现实意义。类比不是观念，而是共鸣，是无所不包的。（ibid., p.368）

麦克卢汉认为，字母表与犹太教和基督教的出现有很强的关联。在我们合写的论文《字母表乃发明之母》（McLuhan and Logan 1977）里，我们设想，成文法律、字母表、犹太人的一神教、抽象科学和演绎逻辑有密切的关系。同样，麦克卢汉看到，字母表与抽象科学及其促成的个人主义有关联（ibid., p.85）。他还写道：

> 基督教发端于希腊-罗马文化，我认为这并非偶然。我不认为基督会在成吉思汗统治下受苦，在彼拉多①统治下意思一样。希腊人发明了一种媒介，即拼音字母表。埃里克·哈弗洛克②在《柏拉图导论》（*Preface to*

---

① 本丢·彼拉多（Pontius Pilate，？—41 年），罗马帝国犹太行省的执政官（公元 26—36 年）。

② 埃里克·哈弗洛克（Eric Alfred Havelock, 1903—1988），美国古典学家、媒介环境学家，先后在加拿大和美国几所最负盛名的大学执教，是媒介环境学派第一代代表人物，多伦多学派和纽约学派的桥梁，著有《柏拉图导论》《缪斯学会写字》《希腊的拼音文字革命及其文化影响》《希腊政治的自由秉性》《西方书面文化的起源》等。

Plato)里解释说,在历史上开天辟地第一次,字母表使人有了个人身份的意识……在基督教进入的文化母体里,个人拥有极端重要的意义:这不是其他世界文化的特征。(McLuhan 1999, p.80)

麦克卢汉把东正教(Easter Orthodox Church)和各种各样新教教会的分裂归之于媒介生态效应。麦克卢汉称,东正教与声觉文化之根的纽带太强劲,不可能接受罗马教会的视觉文化官僚主义组织。至于后来的新教,情况正好相反,因为印刷机使视觉文化加速了。

路德①和首批新教徒是"经院人",他们精于书面文化。他们把经院切磋的旧方法转移进视觉文化:用新发现的印刷术挖壕据守,把自己与罗马教会隔离开来。(ibid., pp.47-48)

麦克卢汉还研究印刷机对天主教会的视觉影响。

谷登堡之后的罗马教会教阶制度获得了大量专门化和僵化的组织结构模式。改进后的书面传播使庞大的罗马官僚主义成为可能,把罗马教皇变为行政主管了。(ibid., p.51)

稍后,他又把注意力转向信息电力化对20世纪现代教会的影响。

我是罗马天主教徒,现在的罗马天主教会和谷登堡时代的罗马天主教会一样迷糊,现在更迷糊!他们还在试图寻找线条和蓝图,但线条和蓝图已不复存在。那么你怎么办呢?可惜在现在的境遇里,我们还没有找到行为或回应的方略,因为我们所处的状态中没有边界。我们仿佛置身于全方位的空间中。

旅行和交流的改进使教皇与他的目标对象有了更直接的个人关系……因此,现在所谓罗马教会的非罗马化就是电气化。事物加速时,等级系统消失,全球舞台到来。(ibid., p.61)

麦克卢汉认为,电力信息的到来产生了另一个逆转。

作为官僚人物的教皇已经过时,但作为角色扮演者的教皇比过去更加重要了。教皇有权威。毕竟,即使世上只有三个天主教徒,其中之一也必然当教皇,否则教会就不复存在。必须有一个教学权威,否则就没有教会了。(ibid., p.61)

有了电力构形的信息优势,高度视觉化和个人化的书面文化模式,尤其印刷机的文化模式逆转为口语文化或部落文化模式。在这样的逆转中,麦克卢汉看

---

① 路德(Martin Luther, 1483—1546),德国宗教改革家,欧洲16世纪宗教改革的发起者,抗议宗(新教)的创始人。1517年10月31日发表《九十五条论纲》批评教皇政策,举起改革旗帜。这场改革对欧洲历史影响深远。

到高度个人化的基督教宗教面对的一个问题。

"无疑,基督教支持个人的、独立的、形而上的自我物质思想。当技术不为这样的个人提供文化基础时,基督教就遇到麻烦了。一种新的部落文化遭遇个人化的宗教时,事情就麻烦了。"(McLuhan 1999, p.85)

麦克卢汉指认了教会面对信息电力化的另一种挑战:在电力化条件下,使用者成为无形无象之人。

电力人是"超级天使"。当你打电话时你没有身体,你的声音在那里,你和另一端通话的人在那里,你们同时存在。电力人没有身体的存在。他是名副其实的无形无象之人。对上帝化身的教会而言,一个无形无象的世界比如我们如今生活其中的世界对其构成了极其严重的威胁,但神学家们尚不认为值得去检视这个无形无象的世界。(ibid., p.50)

麦克卢汉对第二次梵蒂冈大公会议①感到失望,认为这个会没有恰当应对信息电力化的挑战。

一种文化基于对大脑半球的偏爱,选择或左或右,而不是同时建于两侧半球。我们学校的体制就像天主教的教阶制度,完全受左脑支配。梵二会议试图过渡到右脑是一个非常糟糕的尝试,但是它留给我的是困惑。我猜想,泛基督教主义也试图同时调动左脑和右脑,同样使我困惑不解。(McLuhan 1999, p.53)

19世纪那样的官僚主义者负责执行梵二会议的精神,他们面对瞬时信息的世界手足无措。因为我们自己就在应对这样的局面,我们没有理由无意识地或非理性地表示屈从。(ibid., p.72)

官僚体制必然要维持其职能,无视变革,不再适用以后,它会继续硬撑下去。作为一种官僚体制,今天的教会在一定程度上成为一套滑稽的挂件,其方略不再适用,并不比遭遇谷登堡的堂吉诃德高明。

梵二会议使麦克卢汉感到恼怒的改革之一是,弥撒用通俗语代替拉丁文。

如今的圣餐(Eucharist)用委员会指令的"通俗语"形式,这样的委员会与英语的关系带有浓重的计算机死板味。除了口头习语和节奏的维度,通俗语可能就是荒原和精神沙漠;拉丁语弥撒的节奏轻松,允许有很多的沉思;俗语的节奏更强烈,但让人沉思的机会却少得多。(ibid., p.110)

---

① 第二次梵蒂冈大公会议(Second Vatican Council),罗马天主教会的重要会议,简称梵二会议(Vatican II),1962年10月11日至1965年12月8日在梵蒂冈举行。

第二节　麦克卢汉的媒介生态学问不受他宗教思想的影响

尽管麦克卢汉用他对媒介生态的理解来论说自己的宗教，但他从不用宗教论述媒介效应，也不试图劝人改宗，亦不在他的学术著作里宣扬自己的宗教信仰。实际上，在给未婚妻的一封信里，他解释了自己的天主教信仰，明确表达这样一个观点：把自己的宗教观点和思想强加于他人就完全出格了。

> 我们的自由意志是我们拥有的最根本的特征（与理性气质不可分离的特征），我觉得影响另一个人是极其令人厌恶的，除非显而易见愿意询问、检视或考虑。（McLuhan 1999，p.28）

麦克卢汉在自己的著作里罕有提及自己的宗教信仰，但在受访并被问及宗教信仰时他还是乐意分享自己的思想。以下是他接受斯特恩（Gerald Emanuel Stearn 1967b，p.50）访谈里的一段文字，访谈出版题为《与麦克卢汉的谈话》（"Conversations with McLuhan"）。

> 电子环境的重要性之一是人与人的深度介入……在这里，与我自己的宗教信仰可能有一些关系。我认为，人类的慈善是所有人的的责任，也是为所有人的。因此，我的精力被引向远不止是单纯政治或民主的目的。民主可能是某些技术，比如文字和机械工业的副产品，这样的民主我不会认真对待。对属于基督教的民主，我是极其认真的……
>
> 基督教神秘的身体观念——人人是基督身体的一部分——在电子技术条件下业已在技术上成为事实。但我不想在我对技术的理解基础上试图用神学来解释。我没有经院神学的背景，从未在天主教机构里成长。实际上，因为我很少用经院神学的术语和概念，所以我的天主教兄弟们常常责备我。

上述访谈有趣的一点是，麦克卢汉坦承，他不是很熟悉天主教的经院思想。

他的天主教知识和信仰发挥作用的一个领域是文学批评。他对英语天主教诗人杰拉德·曼利·霍普金斯①诗歌的分析可以为证。

> 在信仰方面，他敏锐地表现天主教教义的常规，在自然规律方面，他记录了活生生的感性生活。既然对不可知论者而言，这些事情不可能

① 杰拉德·曼利·霍普金斯（Gerard Manley Hopkins，1844—1889），英国诗人，首创跳韵，生前默默无闻，去世后作品由友人整理出版，对20世纪的艾略特等大诗人产生影响，著有《风鹰》《德意志号的沉没》《腐肉解饥》《奔腾的小溪》《笔记》等。

准确，所有的区分都是没有价值的，所以他继续称，布莱克①和霍普金斯是“神秘的”。霍普金斯把外部自然视为《圣经》，就像斐洛·尤迪厄斯②、圣保罗③和早期基督教教父一样。

麦克卢汉文学研究涉及宗教的例子见于以下两篇文章：《乔伊斯、阿奎那④和诗歌创作过程》（“Joyce, Aquinas, and the Poetic Process”, McLuhan 1951b）、《西塞罗⑤在布道坛和文学批评里的地位》（“The Ciceronian Program in Pulpit and in Literary Criticism”, McLuhan 1970c）。

在本章结尾容我引用麦克卢汉的几段文字，借以证明，尽管个人的信仰虔诚，他并不畏惧批判天主教会的官僚主义或天主教信仰的实践。

> 如果我们想要参与，我们就必须摆脱等级制度。（ibid., p.56）
>
> 在若干时期里，教会由隐居在棚舍和小屋里的信徒组成，他们散居在各种落后的地区。这种情况很可能再现。在直升机的时代，我看教会没有理由需要任何集中性的机构。（ibid., p.86）
>
> 也许，教义问答法应该重新设置为个人化咨询，而不是以大群人为对象。（ibid., p.97）

最后这条引语很有意思，因为它证实了麦克卢汉对教会的虔信，同时又显示，他需要猛击教会以改善教会：

> 天主教会的生存不依靠人的智慧或方略。世界上最好的意向加在一起也不能摧毁天主教会！它坚不可摧，虽然它是一种人的机构。它可能再次遭遇可怕的迫害，如此等等。但这大概是它之所需吧。（ibid., p.58）

本章谢辞：本章材料的主要源头是《媒介与光：对宗教的反思》由埃里克·麦克卢汉和贾塞克·茨莱克合编。如欲了解麦克卢汉更完整的宗教著作与思想，请读者参考这本佳作。

---

① 威廉·布莱克（William Blake, 1757—1825），英国诗人，讴歌自然，抒写理想与生活，风格独特，代表作有《天真之歌》《经验之歌》等。

② 斐洛·尤迪厄斯（Philo Judaeus，前 30—前 40 年），希腊化时期重要的犹太思想家。

③ 圣保罗（St. Paul），纪元初人物、基督教史学家，对早期基督教会发展贡献最大的使徒，被视为基督教的第一个神学家。

④ 阿奎那（Thomas Aquinas, 1226—1274），意大利神学家和经院哲学家，活跃于 13 世纪，著有《神学大全》等。

⑤ 西塞罗（Marcus Tullius Cicero，前 106—前 43），罗马政治家、律师、古典作家、演说家，有大量哲学、政治学、演说辞存世。

尾声

麦克卢汉星汉：他受何影响，他用的工具，他采取的视角和完成的突破

在本书结尾，我们尝试解释麦克卢汉何以能发起媒介和技术研究的革命，他何以能预示我们数字时代如此之多的发展。我们将考察影响他的路径，他所用的工具，他采取的视角，他完成的突破，我们将考察这一切如何缠绕在一起。我们尝试做这样的假设：他的学问之所以独一无二，那是因为他把艺术、文学、政治经济学结合在一起。他受到三大影响：

（1）艺术与文学；

（2）哈罗德·伊尼斯；

（3）科学（科学方法，电力场观念，量子力学和爱因斯坦相对论，以及来自生物学和生态学思想）。

这些影响导致他发展了5种主要工具或在处理媒介方法上的洞察力：

（1）探索、观察和模式识别，而不是理论和某一观点；

（2）集焦感知而不是观念；

（3）外形/背景分析，重点在背景而不是外形；

（4）因果关系的颠倒；

（5）场概念的使用，因而聚焦于环境和生态。

最后这些导向他相互联系的四大突破，即：

（1）媒介即讯息；

（2）地球村；

（3）声觉空间和视觉空间的概念；

（4）三大传播时代的确认：口语传播时代，书面/机械传播时代，电力传播时代。

纵览全书，我们都接触到这些影响、工具和突破。在最后这一章里，我们显示它们是如何联系的，借以解释麦克卢汉令人惊叹的成就。

第一节　麦克卢汉所受的三大影响

麦克卢汉学问所受的三种最重大的影响是：

（1）文学艺术家（尤其是象征主义诗人、温德汉姆·刘易斯、埃兹拉·庞德和詹姆斯·乔伊斯）的影响：

（A）麦克卢汉的神秘写作风格，他常用暗喻，详见本书第一章的描述；

（B）他酷爱的人类感知系统、感知比率、通感，他对声觉空间和视觉空间的概念，详见本书第二章的描述；

（C）艺术家在理解媒介效应里的核心角色，他欲当艺术家的雄心，详见本书第七章的描述。

（2）哈罗德·伊尼斯。麦克卢汉坦承，伊尼斯是巨人，自己站在巨人的肩膀上。伊尼斯的影响促使麦克卢汉把传播作为社会的"大宗产品"，详见本书第五章的描述。

（3）科学家为他提供了许多科学概念：电力、场、量子力学、爱因斯坦相对论和生物生态学，他分析媒介、理解媒介及其效应时，经常使用这些概念，第三章已作了描述。他对这些科学概念的理解导向他许多方法论的技巧（的确，他的疯狂里有方法），他借用了模式识别、外形/背景关系、因果颠倒（从结果入手反过来寻求多种原因）、理解媒介生态的场论路径以及媒介的相互作用。

第二节　麦克卢汉的五种工具和视角

我们说，麦克卢汉的科学兴趣直接引向他学问的经验主义风格：以观察和探索为本位，而不是以理论为本位。和许多学界人士不一样，他不从观点出发，而是敞开思想接受新的可能性。他还挖掘科学文献以开发个人独特的场观念，场观念直接导致他的声觉空间，他的声觉空间既指前文字的口语传播，又指电力构形的信息。他对场观念和声觉空间与书面文化的视觉空间进行对比分析。他把重点放在观察上，所以他聚焦于感知而不是观念。在物理学里，场论用于复杂系统的非线性动态分析；在非线性动态分析里，因果关系是双向流动的，这导致麦克卢汉因果颠倒的方法，他从结果入手反过来追寻原因。他因果颠倒的方法论同样深受艺术家方法的影响。艺术家也从自己想要的效应入手，反过来寻求艺术形式所需的物质材料或原因。麦克卢汉之所以用外形/背景和模式识别，那是因为他受到科学家和艺术家的双重影响：他借用物理学的场观念，又借用艺术家外形和背景的观念。他把重点放在背景上，而不是外形上，这和他的因果颠倒的方法有关系，因为他把结果视为背景，把外形视为原因。他的分析总是始于背景和结果，反过来用不明推论（abduction）的方式去寻求外形和原因。

第三节　外形/背景回放

在所有的模式里，一旦背景变化，外形也随着新的界面变化。(McLuhan, McLuhan, Staines 2003, p.180)

我们生活在一个瞬即回放的时代，这是一切时代里最令人叹为观止的发展变化，因为它使我们能够在没有经验的情况下把握意义……回放不是认知的技术，而是认识的技术。(McLuhan, McLuhan, Staines 2003, pp.218-219)

在他所用的各种技巧中，我相信，外形/背景关系的技巧以及他聚焦于背景而不是外形的技巧很重要，这是解读他许多洞见的钥匙。这些洞见里都有两两成对的元素，一个元素是外形，我们能感知到外形，内容取向的传播学者注意外形；另一个元素是背景，除了艺术家，我们大多数人对背景不知不觉，除了艺术家，他们被麦克卢汉广义地定义为"具有整体意识的人"(McLuhan 1964, p.71)。麦克卢汉聚焦于背景，然后才回过头来看外形。我将用归纳法来支持这一假设，列举麦克卢汉重要概念的许多例子。第一条引语选自他1972年的文章《工作伦理的终结》("The End of the Work Ethic")：

如今，我们大家都生活在一个共鸣而同步的新世界中，在此，外形和背景、公众和表演者、角色追求和角色扮演、集中化和非集中化反复逆转和颠倒。(McLuhan, McLuhan, Staines 2003, p.194)

其余的重要例子列举如下：

(1) 因果关系颠倒时，结果是背景，原因是外形。

(2) 考虑公众和表演者时，公众是背景，表演者是外形。

(3) 在工作和角色的关系里，角色是背景，工作是外形。"目标追求"是外形，"角色扮演"是背景。

(4) 考虑集中化环境对非集中化环境的关系时，非集中化的环境是纯粹的背景；在集中化的环境里，集中化的元素是外形，其余一切元素都与集中化的外形联系在一起，并构成背景。

(5) 考虑感知和观念时，感知是背景，而观念是外形。"结果是感知，而原因往往是观念。"(McLuhan, McLuhan, Staines 2003, p.213)

(6) 在"媒介即讯息"里，媒介是背景，讯息或内容是外形。

(7) 在"使用者是内容"里，使用者是背景，内容是外形。

(8) 在"每一种技术既有利又有弊"里，弊是背景，利是外形。

(9) 在“电力时代的产品变成服务”里,服务是背景,产品是外形。

(10) 在“电力时代的消费者变成生产者”里,消费者是背景,生产者是外形。

(11) 比较视觉空间和声觉空间时,声觉空间是背景,视觉空间是外形。

(12) 比较口头神话和书本媒介时,口头神话是背景,书本是外形。

(13) 比较光透射和光照射时,光透射是背景,光照射是外形。

(14) 在“一种新媒介的内容是一种较旧的媒介”里,较旧的媒介是背景,而新媒介是外形。除了光例外,其余一切媒介都是成双结对的。一种媒介是另一种媒介的“内容”,这就使两者的运作过程都模糊起来(McLuhan, E. & Zingrone 1995, p.274)。

(15) 考虑右脑和左脑的思维模式时,右脑知觉到背景,左脑知觉到外形。

(16) 考虑软件和硬件时,软件是背景,硬件是外形。

(17) 考虑主客观思维模式时,主观思维模式是背景,客观思维模式是外形。

(18) 考虑专门化对多学科性时,多学科性是背景,专门化是外形。

(19) 考虑知识垄断对众包的比较时,众包是背景,知识垄断是外形。

(20) 对比一种观点和模式识别时,模式识别是背景,一种观点是外形。

(21) 考虑逻辑时,归纳逻辑或类比逻辑是背景,演绎逻辑是外形。

(22) 麦克卢汉甚至把外形和背景用于幽默,在此,俏皮话是外形,引起俏皮话的牢骚是背景。

(23) 考虑政治时,政治家的政策扮演外形的角色,政治家的形象扮演背景的角色。他写道:“在光速条件下,政策和政党让位于人格魅力的形象。”“政治终究要被形象替代。为了有利于自己的形象,政客乐意让们,因为让位以后的形象比以往的他更加强大。”

(24) 考虑教育时,答案或信息包扮演外形的角色,对问题的探索担任背景的角色。

(25) 分析新闻业时,旧式的客观新闻的焦点是外形,诺曼·梅勒[①]和汤姆·沃尔夫等人的新新闻主义[②]的焦点是背景。

(26) 考虑编程及其阈下效应时,编程是外形,其阈下效应是背景。

---

① 诺曼·梅勒(Norman Mailer, 1923—2007)美国作家、普利策奖得主,著有《裸者与死者》《白色黑人》《刽子手之歌》《美国梦》《总统文件》等。

② 新新闻主义(New Journalism),一种新闻报道形式,显著的特点是将文学写作的手法应用于新闻报道,重视对话、场景和心理描写,不遗余力地刻画细节,巅峰期在20世纪60年代,代表人物有汤姆·沃尔夫、诺曼·梅勒、杜鲁门·卡波特(Truman Capote)等。

（27）他甚至考虑环境和反环境，环境通常扮演背景的角色，是隐蔽的；但在艺术家和科学家向我们揭示反环境时，环境成了外形使我们觉察到，阈下的反环境是背景。

（28）即使在物理学世界里，他也用外形和背景思考问题。对他而言，牛顿力学的焦点是外形，量子力学的焦点是背景。他赞同玻尔的互补性原理：物质粒子说的焦点聚焦于外形，波动说的焦点是背景。现代物理学的场论影响麦克卢汉的思维，他认为，与粒子联系的场是背景，而粒子本身是外形。

（29）也许，麦克卢汉最出人意表的外形/背景配对是"伴侣号"（苏联第一颗人造卫星）与地球行星的配对。"'伴侣号'……也许是地球行星的延伸……大自然终结了……地球行星成为一种艺术形式，成为生态上可以编程的环境。"（McLuhan, McLuhan, Staines 2003, p.208）"伴侣号"是外形，地球是背景。

我意识到，我对麦克卢汉外形和背景配对的分析相当概括，不过我相信，这样的分析有道理。我认为，这对许多麦克卢汉迷有吸引力，同时肯定会冒犯负面评价麦克卢汉思想的人。但这些批评者可能并没有读到本书的最后一章，那就无关紧要了。然而，我的确觉得很奇妙的是，麦克卢汉经常将这些对子进行比较。他这种研究路径隐含在他"媒介定律"的第四条定律中，在媒介定律中有反转或逆转。也许，这条路径一定程度上归因于这样的事实：他常用暗喻思考问题，把暗喻视为外形与背景的关系。"一切暗喻都可以写成'外形/背景：外形/背景'这样一个比率。"（McLuhan, McLuhan, Staines 2003, p.289）

在结束这一节时，我想指出麦克卢汉另外的两个对子。在这里，外形/背景划分的适用性不那么肯定，不过我还是想提出来以供探索。一个对子是冷热媒介对比。热媒介是高清晰度的媒介，不需要使用者填充缺失的部分，热媒介更像是外形，而不像背景。冷媒介是低清晰度的媒介，肯定需要接受者去填补缺口，冷媒介更像是背景。另一个对子是麦克卢汉的陈词和原型，陈词与外形相联系，原型与背景相联系。

第四节　麦克卢汉的四大突破

麦克卢汉的警语"媒介即讯息"部分源于伊尼斯（1951）对传播偏向的分析，源于伊尼斯的书《传播的偏向》，也源于麦克卢汉外形和背景关系的用法：内容是外形，媒介是背景；和这一警语相似的有"因果关系的颠倒"：内容是原因，媒介是结果；还有感知和观念的二分法：内容是观念，媒介是感知。

"媒介即讯息"导向麦克卢汉的两个重要的洞见。一是声觉空间和视觉空间的划分；二是人类历史的三个传播时代：口语传播时代、文字传播时代和电力传播时代。声觉空间和视觉空间的划分与三个传播时代的划分联系紧密，因为口语传播和电力传播生成声觉空间，而文字传播生成视觉空间。声觉空间是场的空间，而视觉空间是一次一项的线性序列，就像字母表文本的线性排列一样。

麦克卢汉的场观念和声觉空间思想促成了他的地球村观念。伊尼斯的《帝国与传播》可能是对他形成地球村观念的另一个影响。如果纸张和道路能生成横跨英国到中东辽阔地域的罗马帝国，那么，遍布全球的电力信息就能生成地球村了。

第五节　本章小结

我相信自己对麦克卢汉思想的解释尚限于皮毛。任何一篇文章、一本书都不足以阐明这个伟大思想家生成的思想。希望本书有助于读者研究和理解麦克卢汉。然而，理解他的唯一路径是直接读他的原著，自己去弄清楚他的意思。每个读他的人自然都会带走自己的解释，因为正如他所言，“使用者是内容”。我乐意与你分享我的解释，希望帮助你更好地理解这位20世纪的思想巨人。

谢　辞

我想感谢阅读本书初稿的许多朋友和读者,我采纳了大量的建议和编辑意见。特别要感谢 Joel Alleyne、Corey Anton、Adriana Braga、Alex Kuskis、Helga Haberfellner、Paul Levinson、Eric McLuhan、Michael McLuhan、Mogens Olesen、Phil Rose、Ramon Sangüesa、Carlos Scolari、Lance Strate 以及 Yoni Van Den Eede,他们的评述令我获益匪浅。特别要感谢麦克卢汉遗产网(McLuhan Legacy Network, http://mcluhan.net)的成员、儿童媒介博物馆(Children's Own Media Museum: Inspired by Marshall McLuhan, http://childrensownmuseum.ca)和媒介环境学会网站(MEA [http://media-ecology.org]),谢谢他们的鼓励。

图表附录

图表1　麦克卢汉所受的三大影响

科　学	哈罗德·伊尼斯	艺术与文学

图表2　麦克卢汉的五种工具

外形/背景	场观念	观察与探索	因果颠倒	感知不是观念

图表3　麦克卢汉的四大突破

媒介即讯息	地球村	声觉空间/视觉空间	三个传播时代：口语时代，文字时代和电力时代

图表4　纠缠：麦克卢汉各种观念的关系脉络

(1) 科学→观察

(2) 科学→场观念

(3) 场观念↔外形/背景

(4) 场观念→地球村

(5) 外形/背景→媒介即讯息

(6) 伊尼斯→地球村

(7) 伊尼斯→媒介即讯息

(8) 观察→感知而不是观念

(9) 外形/背景↔感知而不是观念

(10) 感知而不是观念→媒介即讯息

(11) 场观念→因果颠倒

(12) 艺术→因果颠倒

(13) 艺术→感知而不是观念

(14) 场观念→声觉空间/视觉空间

(15) 地球村↔声觉空间/视觉空间

(16) 声觉空间/视觉空间→三个传播时代

(17) 媒介即讯息↔三个传播时代

(18) 伊尼斯→三个传播时代

(19) 媒介即讯息↔声觉空间/视觉空间

参 考 文 献

Arthur, Brian. 2001. "Conversation with W. Brian Arthur: Coming from Your Inner Self." Interview by C. O. Schamer and Joseph Jaworski, Xerox Parc, Palo alto, California, April 16, 1999.

Bissell, Claude. 1988. "Herbert Marshall McLuhan." *The Antigonish Review* 74-5: 15-20.

Carpenter, Ted. 2001. "That Not-So-Silent Sea" In Donald Theall (ed) *The Virtual Marshall McLuhan.* Montreal: McGill-Queen's University Press, 236-61.

Clark, Andy and David Chalmers. 1998. "The extended mind." *Analysis* 58:10-23.

Clark, Andy. 2003. *Natural-Born Cyborgs.* Oxford: Oxford University Press.

Clayton, Phillip. 2006. "Conceptual Foundation of Emergence Theory." In Philip Clayton and Paul Davies (eds) *The Re-Emergence of Emergence.* Oxford: Oxford University Press.

Corning, Peter A. 2002. "The Re-Emergence of 'Emergence': A Venerable Concept in Search of a Theory." *Complexity* 7(6): 18-30.

Coupland, Douglas. 2010. *Marshall McLuhan.* Toronto: Penguin.

Culkin, John. 1967a. "A Schoolman's Guide to Marshall McLuhan." *Saturday Review* (March 18, 1967).

__________. 1967b. "Each culture develops its own sense-ratio to meet the demands of its environment." In Gerald E. Stearn (ed) *McLuhan Hot and Cool.* New York: Dial Press, 60.

Czitrom, Daniel J. 1982. *Media and the American Mind: From Morse to McLuhan.* Chapel Hill: U. of North Carolina Press, 1982.

Day, Barry. 1988. *Antigonish Review* 74-75: 117-18.

El-Hani, Charbel Nino and Antonio Marcos Pereira. 2000. "Higher-level descriptions: why we should preserve them?" In Peter Bogh Andersen, Claus Emmeche, Niels Ole Finnemann and Peder Voetmann Christiansen (eds). *Downward Causation; Mind, Bodies, and Matter.* Aarhus: Aarhus University Press, pp. 118-42

Forsdale, Louis. 1988. "Marshall McLuhan and the Rules of the Game." *The Antigonish Review* 74-5: 172-81.

Gordon, W. Terrence. 1997. *Marshall McLuhan: Escape into Understanding – A Biography*. New York: Basic Books.

Geertz, Clifford. 1973. *The Interpretation of Culture.* New York: Basic Books.

Gow, Gordon. 2004. "Making Sense of McLuhan Space." In John Moss and Linda M. Morra (eds) *At the Speed of Light There is Only Illumination: An Appraisal of Marshall McLuhan.* Ottawa: University of Ottawa Press.

Harrison Steve. 2012. *Changing the World is the Only Fit Work for a Grown Man - An Eyewitness Account of the Life and Times of Howard Luck Gossage: 1960s Most Innovative, Influential & Irreverent Advertising Genius.* Adworld Press.

Havelock, Eric. 1963. *Preface to Plato.* Oxford: Oxford University Press.

Innis, Harold. 1940. *The Cod Fisheries: The History of an International Economy.* New Haven: Yale University Press.

__________. 1951. *The Bias of Communication.* Toronto: Univ. of Toronto Press.

__________. 1972. *Empire and Communications.* With foreword by Marshall McLuhan. Originally pub. by Oxford Univ. Press [1950]. Toronto: Univ. of Toronto Press.

__________. 1977. *The Fur Trade in Canada: An Introduction to Canadian Economic History.* Revised and reprinted. Toronto: University of Toronto Press.

Kauffman, Stuart. 2008. *Reinventing the Sacred: Anew View of Science.* New York: Basic Books.

Kauffman, Stuart, Robert K. Logan, Robert Este, Randy Goebel, David Hobill and Ilya Shmulevich. 2007. "Propagating Organization: An Enquiry." *Biology and Philosophy* 23: 27-45.

Krugman, Herbert. 1971. "Brain wave Measures of Media Involvement," *Journal of Advertising Research* 11, no. 1: 3–9.

Leverette, Marc. 2003. "Towards an Ecology of Understanding: Semiotics, Medium Theory, and the Uses of Meaning." *Image & Narrative.* (http://bit.ly/a01koD)

Lewes, George H. 1875. *Problems of Life and Mind.* London: Trübner.

Logan, Robert K. and Louis W. Stokes. 2004. *Collaborate to Compete: Driving Profitability in the Knowledge Economy*. Toronto and New York: Wiley (Mandarin Edition ISBN 7-5080-3669-7).

Logan, Robert K. 2003. "Science as a Language: The non-probativity theorem and the complementarity of complexity and predictability." In Daniel McArthur & Cory Mulvihil (eds) *Humanity and the Cosmos*, 63-73.

__________. 2004. "The Biological Foundation of Media Ecology." *Explorations in Media Ecology* 6: 19-34.

__________. 2007. *The Extended Mind: The Emergence of Language, the Human Mind and Culture.* Toronto: University of Toronto Press.

__________. 2010. *Understanding New Media: Extending Marshall McLuhan.* New York: Peter Lang .

__________. 2013. *What is Information?* Toronto: DEMO Press (Portuguese translation by Adriana Braga, Que E Informacao? Rio de Janiero: Editora PUC-Rio.).

Mailer, Norman. 1988. *Antigonish Review* 74-75: 117.

Marchand, Philip. 1989. *Marshall McLuhan: The Medium and the Messenger.* Toronto: Random House.

Marchessault, Janine. 2004. *Marshall McLuhan.* London: Sage Publications Ltd.

Marshall, P. David. 2004. *New Media Cultures.* London: Arnold.

McGilchrist, Iian. 2009. *The Master and His Emissary: The Divided Brain and the Making of the Western World.* New Haven: Yale University Press.

McLuhan, Eric. 2008. "Marshall McLuhan's Theory of Communication: The Yegg." *Global Media Journal* 1 (1) 25-43.

McLuhan, Eric and Frank Zingrone (eds) 1995. *Essential McLuhan.* Concord Ontario: Anansi.

McLuhan, Eric and Jacek Szlarek (eds). 1999. *The Medium and the Light: Reflections on Religion.* Toronto: Stoddart.

McLuhan, Marshall. 1944. "The Analogical Mirrors." *The Kenyon Review,* Vol. 6, No. 3 (Summer), pp. 322-332.

__________ 1951a. *The Mechanical Bride, Folklore of Industrial Man.* New York: The Vanguard Press (reissued by Gingko Press, 2002).

__________ 1951b. "Joyce, Aquinas, and the Poetic Process." *Renascence,* 4(1): 3-11 (Fall).

__________ 1953a. "The Later Innis." *Queen's Quarterly* 60: 385-94.

__________ 1953b. "Not for Children." *Explorations* 1: 117-27.

__________1954. "Notes on the Media as Art Forms." *Explorations* 2: 6-13.

__________ 1955. "Communication and Communication Art: A Historical Approach to the Media." *Teachers College Record* 57 (2): 104-110.

__________ 1957a. "Classroom Without Walls." *Explorations* 7: 22-26.

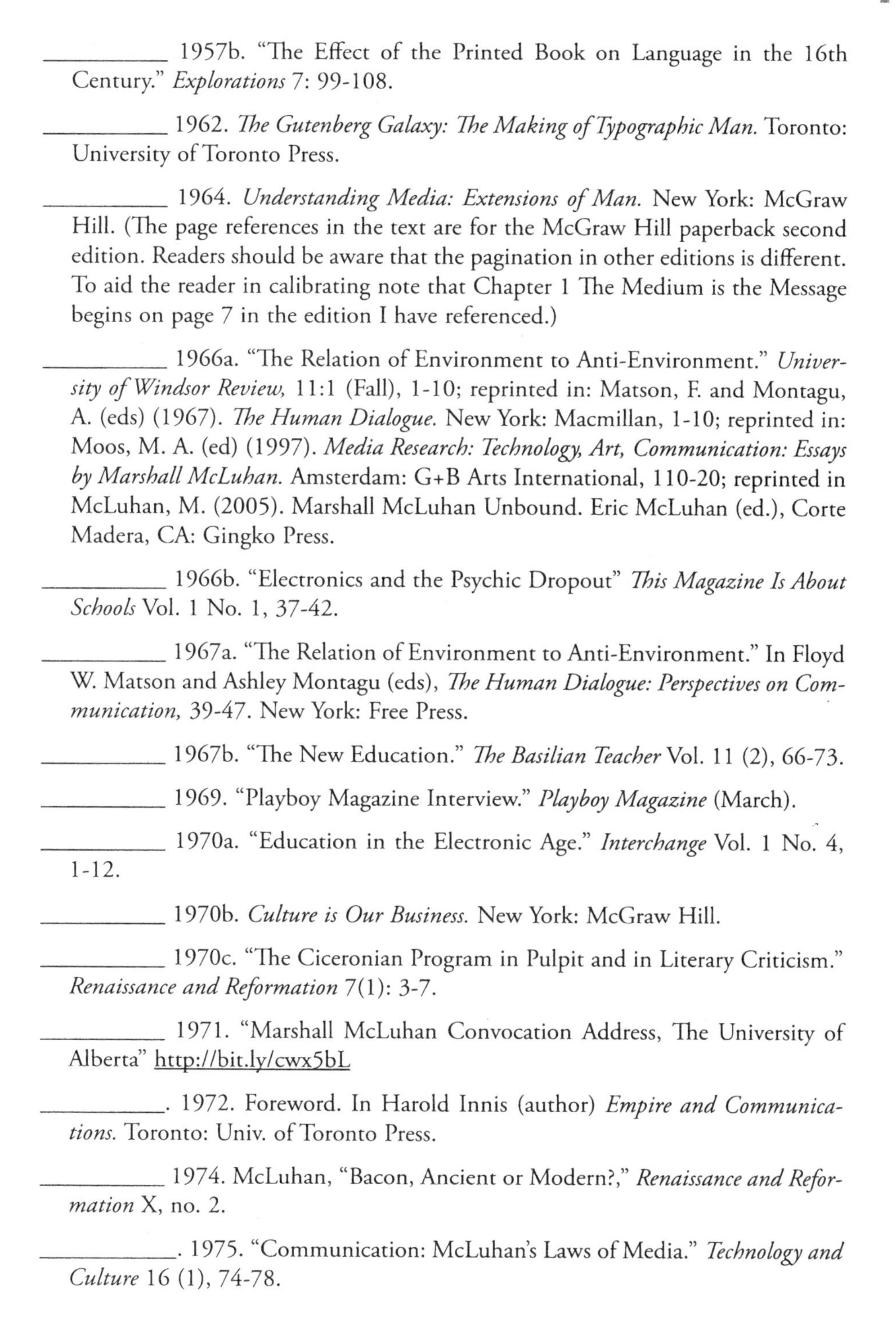

__________ 1957b. "The Effect of the Printed Book on Language in the 16th Century." *Explorations* 7: 99-108.

__________ 1962. *The Gutenberg Galaxy: The Making of Typographic Man.* Toronto: University of Toronto Press.

__________ 1964. *Understanding Media: Extensions of Man.* New York: McGraw Hill. (The page references in the text are for the McGraw Hill paperback second edition. Readers should be aware that the pagination in other editions is different. To aid the reader in calibrating note that Chapter 1 The Medium is the Message begins on page 7 in the edition I have referenced.)

__________ 1966a. "The Relation of Environment to Anti-Environment." *University of Windsor Review,* 11:1 (Fall), 1-10; reprinted in: Matson, F. and Montagu, A. (eds) (1967). *The Human Dialogue.* New York: Macmillan, 1-10; reprinted in: Moos, M. A. (ed) (1997). *Media Research: Technology, Art, Communication: Essays by Marshall McLuhan.* Amsterdam: G+B Arts International, 110-20; reprinted in McLuhan, M. (2005). Marshall McLuhan Unbound. Eric McLuhan (ed.), Corte Madera, CA: Gingko Press.

__________ 1966b. "Electronics and the Psychic Dropout" *This Magazine Is About Schools* Vol. 1 No. 1, 37-42.

__________ 1967a. "The Relation of Environment to Anti-Environment." In Floyd W. Matson and Ashley Montagu (eds), *The Human Dialogue: Perspectives on Communication,* 39-47. New York: Free Press.

__________ 1967b. "The New Education." *The Basilian Teacher* Vol. 11 (2), 66-73.

__________ 1969. "Playboy Magazine Interview." *Playboy Magazine* (March).

__________ 1970a. "Education in the Electronic Age." *Interchange* Vol. 1 No. 4, 1-12.

__________ 1970b. *Culture is Our Business.* New York: McGraw Hill.

__________ 1970c. "The Ciceronian Program in Pulpit and in Literary Criticism." *Renaissance and Reformation* 7(1): 3-7.

__________ 1971. "Marshall McLuhan Convocation Address, The University of Alberta" http://bit.ly/cwx5bL

__________. 1972. Foreword. In Harold Innis (author) *Empire and Communications.* Toronto: Univ. of Toronto Press.

__________ 1974. McLuhan, "Bacon, Ancient or Modern?," *Renaissance and Reformation* X, no. 2.

__________. 1975. "Communication: McLuhan's Laws of Media." *Technology and Culture* 16 (1), 74-78.

__________. 1977. "Laws of Media." *English Journal* 67 (8): 92-94. also published *ETC* 34 (2): 173-179.

__________. 1988. "Media and the Inflation Crowd." *The Antigonish Review.* Nos. 74 & 75 (summer & autumn), 64-72.

__________. 1997. "The Hot and Cool Interview." In Michel Moos (ed) *Media Research: Technology, Art, Communication.* Amsterdam: G+B Arts.

__________. 1999. "Electric Consciousness and the Church." In Eric McLuhan and Jacek Szklarek (eds). *The Medium and The Light: Reflections on Religion.* Toronto: Stoddart.

McLuhan, Marshall and David Carson. 2003. *The Book of Probes.* Corte Madera, CA: Gingko Press.

McLuhan, Marshall and Quentin Fiore. 1967. *The Medium is the Massage.* New York: Bantam Books.

__________. 1969. Counterblast. New York: Bantam Books.

McLuhan, Marshall, Quentin Fiore and Michael Angel. 1968. *War and Peace in the Global Village.* New York: Bantam Books.

McLuhan, Marshall and George B. Leonard. 1967. *Look Magazine,* Feb 21, 23-25.

McLuhan, Marshall, and Robert K. Logan. 1977. "Alphabet, Mother of Invention." *Et Cetera* 34 (4): 373-83.

__________ 1979. "The Double Bind of Communication and the World Problematique." *Human Futures,* Summer 1979, 1-3.

McLuhan, Marshall, and Eric McLuhan. 1988. *Laws of Media: The New Science.* Toronto: University of Toronto Press.

__________ 2011. *Media and Formal Cause.* New York: NeoPoiesis Press.

McLuhan, Marshall, Stephanie McLuhan, David Staines. 2003. *Understanding Me: Lectures and Interviews.* Toronto: McClelland and Stewart.

McLuhan, Marshall, and Barrington Nevitt. 1972. *Take Today: The Executive as Dropout.* Toronto: Longman Canada.

McLuhan, Marshall, and Harley Parker. 1968. *Through the Vanishing Point: Space in Poetry and Painting.* New York: HarperCollins.

Molinaro, Matie, Corrine McLuhan, and William Toye (eds). 1987. *Letters of Marshall McLuhan.* Toronto: Oxford University Press.

Morrison, James C. 2000. "Hypermedia and Synesthesia" MEA Proceedings. http://bit.ly/11qbVHu

Nevitt, Barrington and Maurice McLuhan. 1994. *Who Was Marshall McLuhan?* Toronto: Stoddart Publishing.

Newsweek. 1970. "TV vs. Print" *Newsweek* November 2, 1970.

Olson, David. "McLuhan: Preface to Literacy." *Journal of Communication* 31.3 (1981): 136-143.

Popper, Karl. 1934. *Logik der Forschung,* Wein: Springer.

Powe, Bruce W.. "Marshall McLuhan: The Put-On." *The Antigonish Review* 50 (1982): 123-139.

Powers, Bruce. 1981. "Final Thoughts: A Collaborator on Marshall's Methods and Meanings." *Journal of Communication* 31.3: 189-90.

Roth, Nancy. 1999. "Digital McLuhan : A Guide to the Information Millennium [review]." *Afterimage* 27.2: 6-8.

Rushkoff, Doug 1994. *Media Virus! Hidden Agendas in Popular Culture.* New York: Ballantine.

__________ 2006. *Screenagers: Lessons in Chaos from Digital Kids.* Cresskill, NJ: Hampton Press.

Sahlins, Marshall. 1968. "Notes on the Original Affluent Society" In R.B. Lee and I. DeVore (eds) *Man the Hunter.* New York: Aldine Publishing Company, pp. 85-89.

Stearn, Gerald E. (ed). 1967a. *Hot and Cool A Critical Symposium.* New York: The Dial Press.

__________ 1967b. "Conversations with McLuhan." *Encounter* June 1967, pp. 50-57.

Strate, Lance. 2006. *Echoes and Reflections: On Media Ecology as a Field of Study.* Cresskill, NJ: Hampton Press.

Thompson, George. 1988. *Antigonish Review* 74-75: 119-20.

Trotter. R. H. 1976. "The Other Hemisphere." *Science News* 109, April 3.

Trudeau, Pierre. 1988. *Antigonish Review* 74-75: 119.

Van Alstyne, Greg and Robert K. Logan. 2007. "Designing for Emergence and Innovation: Redesigning Design." *Artifact* 1: 120-29.

Waldrop, Mitchell. 1992. *Complexity: The Emerging Science at the Edge of Order and Chaos.* New York: Simon and Schuster.

Weingartner, Charles. 1988. *Antigonish Review* 74-75: 120.

Wolfe, Tom. 1965. "The New Life Out There" *The New York Herald Tribune.*

__________. 1988. *Antigonish Review* 74-75: 121.

Zingrone, Frank. 2001. *The Media Symplex: At the Edge of Meaning in the Age of Chaos.* Cresskill, NJ: Hampton Press.

译 者 后 记

《被误读的麦克卢汉——如何矫正》的出版有多重意义。它是麦克卢汉研究第三次飞跃的又一个里程碑，是《理解新媒介——延伸麦克卢汉》姐妹篇。借此，作者旗帜鲜明地捍卫和发展了麦克卢汉的媒介理论。

罗伯特·洛根横跨文理，卓尔不凡，我引进他的著作，比译介麦克卢汉、伊尼斯、莱文森的著作晚了一二十年，深以为撼。

在介绍麦克卢汉及其学派的过程中，我顺利地译介了麦克卢汉、伊尼斯、波斯曼、莱文森、林文刚等人的著作。遗憾的是，自2005年以来，在引进洛根的著作时却相当不顺。由于其出版商不太合作，人大和北大两家出版社洽购《字母表效应》都屡屡受挫。

感谢洛根教授本人超常的努力和直接干预，复旦大学出版社购得了以上三本书的版权。

借此机会，我想要表达另一个愿望，希望有机会引进他的其他著作，比如《心灵的延伸——语言、心灵和文化的滥觞》。

何道宽

于深圳大学文化产业研究院

深圳大学传媒与文化发展研究中心

2017年9月10日

译 者 介 绍

何道宽，深圳大学英语及传播学教授、政府津贴专家、资深翻译家，曾任中国跨文化交际研究会副会长、广东省外国语学会副会长，现任中国传播学会副理事长、深圳翻译协会高级顾问，从事英语语言文学、文化学、人类学、传播学研究30余年，率先引进跨文化传播（交际）学、麦克卢汉媒介理论和媒介环境学，著作和译作80余种，约2 000万字（著作85万字，论文约30万字，译作逾1 900万字）。

著作有：《夙兴集：闻道·播火·摆渡》、《中华文明撷要》（汉英双语版）、《创意导游》（英文版）。电视教学片（及其纸媒版）有《实用英语语音》。

译作约80种，要者有：《文化树》（含一二版）、《理解媒介》（含一二三版）、《数字麦克卢汉》（含一二版）、《游戏的人》（含一二版）、《中世纪的秋天》（含一二版）、《17世纪的荷兰文明》（含一二版）、《裸猿》（含一二版）、《麦克卢汉传：媒介及信使》（含一二版）、《传播的偏向》（含一二版）、《帝国与传播》（含一二版）、《超越文化》（含一二版）、《新新媒介》（含一二版）、《麦克卢汉精粹》、《思维的训练》、《思想无羁：技术时代的认识论》、《手机》、《真实空间》、《麦克卢汉书简》、《传播与社会影响》、《新政治文化》、《麦克卢汉如是说》、《媒介环境学》（含简体字版和繁体字版）、《技术垄断》（含简体字版和繁体字版）、《模仿律》、《莱文森精粹》、《与社会学同游》、《伊拉斯谟传》、《口语文化与书面文化》、《传播学批判研究》、《重新思考文化政策》、《交流的无奈：传播思想史》、《人类动物园》、《亲密行为》、《作为变革动因的印刷机》、《无声的语言》、《传播学概论》（施拉姆）、《软利器》、《迫害、灭绝与文学》、《菊与刀》、《理解新媒介——延伸麦克卢汉》、《字母表效应》、《变化中的时间观念》、《文化对话》、《媒介、社会与世界》、《群众与暴民：从柏拉图到卡内蒂》、《互联网的误读》、《中国传奇：美国人眼里的里的中国形象》、《初闯中国：美国人对华贸易、条约、鸦片和救赎的故事》、《乌合之众》、《个性动力论》、《媒介即是按摩》、《媒介与文明：麦克卢汉的地球村》、《余音绕梁的麦克卢汉》、《指向未来的麦克卢汉》、《公共场所的行为》、《驱逐：十九世纪美国排华史》、《文化树》、《文化科学》、《公共场所的行为》、《创意生活》、《公共政策、文化认同与文化政策》、《被误读的麦克卢汉——如何校正》等。

论文50余篇,要者有:《介绍一门新兴学科——跨文化的交际》《比较文化之我见》《中国文化深层结构中崇“二”的心理定势》《论美国文化的显著特征》《和而不同息纷争》《多伦多传播学派的双星:伊尼斯与麦克卢汉》《异军突起的第三学派——媒介环境学评论之一》《麦克卢汉:媒介理论的播种者和解放者》《莱文森:数字时代的麦克卢汉,立体型的多面手》《文化政策需要顶层设计》《媒介环境学:从边缘到殿堂》《冒险、冲撞、相识:美中关系史第一个一百年的故事》《泣血的历史:19世纪美国排华史揭秘》等。

图书在版编目(CIP)数据

被误读的麦克卢汉——如何矫正/[加]罗伯特·K. 洛根(Robert K. Logan)著;何道宽译.
—上海:复旦大学出版社,2018.4
(复旦新闻与传播学译库·新媒体系列)
书名原文: McLuhan Misunderstood: Setting the Record Straight
ISBN 978-7-309-13595-4

Ⅰ. 被… Ⅱ. ①罗…②何… Ⅲ. 传播媒介-研究 Ⅳ. G206.2

中国版本图书馆 CIP 数据核字(2018)第 054125 号

被误读的麦克卢汉——如何矫正
[加]罗伯特·K. 洛根 著 何道宽 译
责任编辑/章永宏 刘 畅

复旦大学出版社有限公司出版发行
上海市国权路 579 号 邮编:200433
网址:fupnet@fudanpress.com http://www.fudanpress.com
门市零售:86-21-65642857 团体订购:86-21-65118853
外埠邮购:86-21-65109143
上海春秋印刷厂

开本 787×960 1/16 印张 12 字数 205 千
2018 年 4 月第 1 版第 1 次印刷

ISBN 978-7-309-13595-4/G·1821
定价: 40.00 元